U0176856

阮光锋◎主编

当咖啡遇上健康

中国健康传媒集团
中国医药科技出版社

内 容 提 要

咖啡对人体健康有什么影响？怎么喝咖啡才健康？本书分为认识咖啡、享用咖啡、咖啡与健康、咖啡的现在与未来几部分，不仅包括咖啡的烘焙、冲泡、市场发展等百科知识，还解读了咖啡爱好者最关心的咖啡与健康的关系，在品味咖啡之间收获乐趣与健康。本书是由食品领域专家精心创作，献给中国广大咖啡爱好者的一部咖啡科普书，希望读者们能更加懂得咖啡，健康地享用咖啡。

图书在版编目（CIP）数据

当咖啡遇上健康 / 阮光锋主编 . —北京：中国医药科技出版社，2023.3

　　ISBN 978-7-5214-3584-9

　　Ⅰ . ①当⋯　Ⅱ . ①阮⋯　Ⅲ . ①咖啡—关系—健康　Ⅳ . ① TS273

中国版本图书馆 CIP 数据核字（2022）第 214165 号

美术编辑　陈君杞
版式设计　也　在

出版　**中国健康传媒集团** │ 中国医药科技出版社
地址　北京市海淀区文慧园北路甲 22 号
邮编　100082
电话　发行：010-62227427　邮购：010-62236938
网址　www.cmstp.com
规格　880×1230mm $^1/_{32}$
印张　7 $^3/_8$
字数　155 千字
版次　2023 年 3 月第 1 版
印次　2023 年 3 月第 1 次印刷
印刷　三河市万龙印装有限公司
经销　全国各地新华书店
书号　ISBN 978-7-5214-3584-9
定价　**48.00 元**

获取新书信息、投稿、为图书纠错，请扫码联系我们。

编 委 会

致 谢

感谢星巴克企业管理（中国）有限公司、雀巢（中国）有限公司、康师傅控股有限公司、百胜中国控股有限公司对本书在编写过程中提供行业信息、数据等资料的大力支持。

序

咖啡，传说源自埃塞俄比亚牧羊人的偶然发现。从走出非洲的那一刻起，这种红色的小浆果展现出强大的生命力和吸引力，逐渐成长为世界性饮品。东方文明本以茶为代表饮品，海上贸易将咖啡引入中国，成为东西方饮食文化交流的载体。

随着中国融入世界经济大家庭，我们迎来了一段波澜壮阔的高速发展期，随之而来的是生活节奏加快、工作压力增大和消费能力提升。咖啡，甚至整个餐饮业在中国的蓬勃发展正是这一时代的注解。各式各样的咖啡在城市生活里生根发芽，无论超市里的速溶咖啡还是咖啡店里的现磨咖啡都收获了相当多的追随者。有的人追求一杯下肚带来的神清气爽，有的人在咖啡风味轮里寻找独特的味觉体验，有的人津津乐道的是小众咖啡产地和庄园的与众不同。

巨大的市场需求也伴随着激烈的市场竞争，咖啡行业在创新和发展的道路上从未止步。比如现在速溶和现磨咖啡之间的边界越来越模糊，速溶咖啡越来越美味，现磨咖啡越来越便捷。咖啡、奶、坚果等食材的搭配也更加丰富，美式、意式浓缩、拿铁等经典款长盛不衰，各种网红尝鲜款层出不穷，受到年轻人的青睐。

当然，如果你让我选，我还是最喜欢加糖的卡布奇诺——只要做到总量控制、吃动平衡，享受一下甜味又有何妨？网络上流传的"咖啡导致骨质疏松"其实也是同样道理，关键还是适量。了解食物，热爱食物，在安全、营养和健康的基础上，探索食物带来的美味与乐趣。我想，这就是本书作者期望表达的吧。

中国工程院院士

陈君石

2022 年冬于北京

目录

1

3

咖啡与健康的相关科学共识

科信食品与营养信息交流中心
中国疾病预防控制中心营养与健康所
中华预防医学会健康传播分会
中华预防医学会食品卫生分会
中国食品科学技术学会食品营养与健康分会

咖啡是将咖啡豆经过烘焙、研磨、冲泡等工艺制成的饮料，已有悠久的饮用历史，是世界上流行范围最为广泛的饮料之一。数据显示，日本和韩国人均每年喝 200 杯咖啡，美国人均喝 400 杯，而欧洲人均喝 750 杯。我国的人均咖啡消费量虽与上述国家或地区相比低得多，但喝咖啡的人群增长迅速，咖啡爱好者已不在少数。

咖啡豆含有绿原酸、咖啡因、单宁等成分，经不同程度的烘焙后可形成独特的香味。人们将咖啡豆研磨后冲调饮用，现代食品工业还可通过萃取工艺将其制成速溶咖啡[1]。消费者常喝的咖啡一般分为两大类：一种是纯咖啡，一种是混合咖啡

1

（花式咖啡）。前者是咖啡加水制成，后者则辅以乳及乳制品等成分。咖啡并没有国际统一的计量单位，但常以杯计，比如每杯 150ml，约含 100mg 咖啡因。

一、咖啡可根据个人情况适量饮用

综合美国食品药品监管局、欧盟食品安全局、加拿大卫生部、澳新食品标准局等国际权威机构的观点，咖啡可适量饮用[2-3]。建议消费者初次尝试时小口啜饮，并根据自身情况，合理掌握饮用频次和饮用量。

健康成年人

每天 3~5 杯是适宜的。综合美国食品药品监管局[4]、欧盟食品安全局[5]、加拿大卫生部[6]、澳新食品标准局[7] 等机构的建议，健康成年人每天摄入不超过 210~400mg 咖啡因（相当于 3~5 杯咖啡）是适宜的。

孕妇

不建议孕妇喝咖啡，如果饮用，每天不超过 2 杯。尽管加拿大卫生部、美国妇产科学会、美国孕产协会等机构认为，孕期可少量饮用咖啡（每天不超过 150~300mg 咖啡因，约 2 杯）[8-10]，但不应鼓励孕妇喝咖啡。

儿童及未成年人

儿童及未成年人应当控制咖啡因摄入。家长可以帮助孩子控制咖啡、茶及其他含咖啡因饮料的摄入。美国儿科学会的建议是儿童和未成年人不喝咖啡[11]。美国食品药品监管局、欧盟食品安全局、加拿大卫生部、澳新食品标准局等机构认为，儿童和未成年人每天的咖啡因摄入不超过每千克体重2.5~3mg（对于30千克重的儿童和未成年人来说，为75~100mg咖啡因）[12]是安全的。

二、公众关注的常见话题

● 咖啡是否致癌？

2016年，国际癌症研究机构（IARC）对现有研究进行综合分析后认为，并没有足够的证据显示喝咖啡会增加人类癌症的风险[13]。2017年，国际癌症研究基金会（WCRF）发布的报告指出，目前并没有证据显示喝咖啡会使人致癌，同时有部分证据表明，咖啡能降低某些癌症的风险，例如乳腺癌、子宫内膜癌及肝癌[14]。

● 咖啡是否增加健康成人患心脏病和心血管疾病的风险？

美国心脏病协会[15]、欧洲心脏病学会[16]、澳大利亚国家卫生和医学研究协会[17]等机构认为，健康成年人适量饮用咖啡（每天1~2杯咖啡）不会增加患心脏病和心血管疾病的风险。

但需要提示的是，部分对咖啡因敏感的人可能会出现心跳加速、恶心、头晕等不适感，类似"茶醉"的现象。建议消费者根据自身情况调整频次及饮用量。

咖啡是否增加糖尿病风险？

中国营养学会的《食物与健康 – 科学证据共识》指出，适量饮用咖啡（每天 3~4 杯）可能降低 2 型糖尿病风险[18]。国际糖尿病联盟[19]、美国糖尿病协会[20] 等机构认为，糖尿病患者可以适量饮用咖啡，纯咖啡可以作为健康膳食的一部分。糖尿病患者喝咖啡时，应当注意控制添加糖的摄入量。

咖啡因是否增加骨质疏松风险？

健康成年人可适量喝咖啡，但过多的咖啡因会增加骨质疏松的风险。中国《原发性骨质疏松症诊疗指南（2017 版）》提示，大量饮用咖啡、茶会影响钙的吸收，增加骨质疏松的风险[21]。国际骨质疏松协会[22]、美国国家骨质疏松协会[23] 认为，每天的咖啡摄入量控制在 3 杯以内为宜。

对于骨质疏松患者来说，除适当控制含咖啡因饮料的摄入量，还应当保持膳食平衡以确保足量的钙和维生素摄入，辅以适度的运动和阳光照射。

咖啡是否影响睡眠？

咖啡因具有一定的中枢神经兴奋作用，因此咖啡和茶都可以提神。人体对咖啡因的反应存在较大个体差异，对于敏感人群可能影响睡眠，建议根据自身情况酌情控制饮用频次和饮用量。

总结

咖啡在世界范围内具有长期的饮用历史，综合各国专业机构及国际组织的研究成果，消费者可根据自身情况适量饮用并合理掌握饮用频次和饮用量。同时，关于咖啡与健康的研究正在中国展开，希望在不久的将来，能够给出更加切合国人实际的咖啡饮用指导。

参考文献

［1］ William Harrison Ukers. All about coffee［M］. New York: The tea and coffee trade journal company, 1922.

［2］ Department of Health and Human Services（US）, Department of Agriculture（US）. 2015–2020 dietary guidelines for Americans［J］. 8th ed. 2015［2015–12–31］. http://health.gov/dietaryguidelines/2015/guidelines.

［3］ National Health and Medical Research Council. Australian dietary guidelines［J］. Canberra（AUST）: NHMRC, 2013［2018–6–27］. https://www.eatforhealth.gov.au/guidelines.

［4］ FDA. Caffeine and kids: FDA takes a closer look［J］.［2013–5–3］. https://www.fda.gov/ForConsumers/ConsumerUpdates/ucm350570. htm.

［5］ EFSA Panel on Dietetic Products, Nutrition and Allergies（NDA）. Scientific opinion on the safety of caffeine［J］. EFSA Journal, 2015, 13（5）: 4102. DOI: https://doi.org/10.2903/j.efsa.2015.4102.

［6］ Health Canada. Caffeine in food［J］.［2012–02–16］. https://www. canada.ca/en/health–canada/services/food–nutrition/food–safety/food– additives/caffeine–foods/foods.html.

［7］ Australia New Zealand Food Authority（ANZFA）. Safety aspects of

dietary caffeine — report form the expert working group [M]. 2000
[2000-7]. http://www.foodstandards.gov.au/publications/Pages/
Safety–aspects–of–dietary–caffeine.aspx.

[8] American Pregnancy Association (APA).Caffeine intake during
pregnancy [J]. [2018–8–17]. http://americanpregnancy.org/
pregnancy–health/caffeine–intake–during–pregnancy/.

[9] American College of Obstetricians and Gynecologists (ACOG).
ACOG Committee Opinion No. 462: Moderate caffeine consumption
during pregnancy, Obstet Gynecol, 2010, 116 (2):467–468 [2010–
8]. https://www.acog.org/Clinical–Guidance–and–Publications/
Committee%20Opinions/Committee%20on%20Obstetric%20Practice/
Moderate%20Caffeine%20Consumption%20During%20Pregnancy.
aspx.

[10] NSW Government. Caffeine. [2013–7–11]. https://www.health.nsw.
gov.au/aod/resources/Pages/caffeine.aspx.

[11]American Academy of Pediatrics. Clinical report–sports drinks and
energy drinks for children and adolescents: are they appropriate?
[J]. Pediatrics, 2011 Jun, 127 (6): 1182–9. DOI: 10.1542/peds.
2011–0965.

[12] Caffeine: EFSA consults on draft assessment [J]. [2015–1–15].
http://www.efsa.europa.eu/en/press/news/150115.

[13] Loomis D, Guyton KZ, Grosse Y, et al. Carcinogenicity of drinking
coffee, mate, and very hot beverages [J]. Lancet Oncol,2016 Jul, 17
(7):877–878. DOI: 10.1016/S1470–2045 (16) 30239–X.

[14] WCRF. Third expert report–diet, nutrition, physical activity and
cancer a global perspective [J]. 2017 [2018–1]. https://www.
wcrf.org/dietandcancer.

[15] AHA. Your health. [2010]. https://www.heart.org/en/about–us/
your–health.

[16] Coffee consumption and cardiovascular disease.An article from the
e–journal of the ESC council for cardiology practice. [2006–6–26].
https://www.escardio.org/Journals/E–Journal–of–Cardiology–

Practice/Volume-4/Coffee-consumption-and-cardiovascular-disease-Title-Coffee-consumption-and-ca.

[17] National Health and Medical Research Council. Cardiovascular disease. [2016-11-28]. http://www.health.gov.au/internet/main/publishing.nsf/content/chronic-cardio.

[18] 中国营养学会. 食物与健康 - 科学证据共识 [M]. 北京：人民卫生出版社，2016.

[19] IDF. About diabetes. [2014]. https://idf.org/aboutdiabetes/what-is-diabetes/prevention.html.

[20] American Diabetes Association. What can I drink [2017-9-20]. http://www.diabetes.org/food-and-fitness/food/what-can-i-eat/making-healthy-food-choices/what-can-i-drink.html.

[21] 中华医学会骨质疏松和骨矿盐疾病分会. 原发性骨质疏松症诊疗指南（2017）[J]. 中国全科医学，2017（32）：3963-3982.

[22] International Osteoporosis Foundation. Negative dietary practices. [2008]. https://www.iofbonehealth.org/negative-dietary-practices

[23] The National Osteoporosis Foundation（NOF）. Frequently asked. Questions. [2010]. https://www.nof.org/patients/patient-support/faq/.

咖啡小传

咖啡是一种"有历史"的饮料。世界上第一本关于咖啡的专著《关于咖啡的一切》(*All About Coffee*)出版于 1922 年，840 多页的长卷中，详细记述了咖啡超过千年的饮用史、种植、生产加工技术，咖啡背后的科学，以及咖啡的贸易和咖啡文化。百年过去，数次再版，阅读的时候，仍然能够感受到作者对咖啡的热爱。可以说，百年之后，不变的仍然是这颗豆子的旅程；变化的，是科技进步带来的更加清晰的咖啡全貌，以及将热爱转化为保护咖啡资源的能力。

1935 年版 *All About Coffee* 的首页插画

东非的文明古国埃塞俄比亚被视为咖啡树的原产地。传说中，首次食用咖啡果的历史可以追溯到公元 6 世纪时埃塞俄比亚的盖拉族。18 世纪苏格兰人詹姆士·布鲁斯（James Bruce，1730~1794）在《发现尼罗河源头旅行记》（*Discover the Source of the Nile*）一书中描写到："大力丸是用烧烤过的咖啡果子捣碎，混以动物油脂，搅拌搓揉成球状，装入皮囊备用。虽然口感不佳，但可果腹。"

在关于咖啡起源的传说中，流传最广，最为人熟知的，是"牧羊人卡尔迪"。公元 850 年的某一天，埃塞俄比亚咖法（Keffa）小镇的牧羊人卡尔迪（Kaldi）像往常一样，从山上放羊归家，然而晚上山羊们却开始躁动不安，摇头摆尾，咩咩直叫。卡尔迪百思不得其解，最终想到可能是草出了问题。第二天，他又来到昨天放牧的地方，在灌木丛中找到很多不知名的小浆果，他好奇地尝了尝，困意与疲惫顿时化为灰烬。不过根据知名人类学家丹尼尔·马丁·瓦里斯科（Daniel Martin Varisco）的研究，故事中羊群吃的其实更像咖特草，这种草也具有兴奋成分，并且比咖啡更容易让山羊喜爱。

真实的历史中，直到约公元 1000 年，人们才开始饮用加入咖啡豆后煮沸的饮料。公元 9 世纪至 11 世纪，医生们将被称为"邦（bunn）"的咖啡熬成汁后，制成了"邦琼（bunchum）"。公元 10 世纪时，在波斯名医拉齐（Razi,Myhammad b.Zakariya，864~924）所著的《医学集成》一书中，记载了咖啡的药用价值和食用方法，第一次提到咖啡"有燥热性，益胃，可治疗头疼、提神，喝多令人难入眠"。这是"咖啡"一词首次进入人类的文字记载中。

植物学家们关于咖啡基因研究发现，全世界的阿拉比卡咖啡都来自于埃塞俄比亚的同一棵咖啡树，而咖啡史学家们普遍认为也门的摩卡港是咖啡种子离开埃塞俄比亚后的第一个抵达地。题为《咖啡的来历》的 16 世纪的阿拉伯文献记载，1258 年，也门摩卡的谢赫·奥马尔（Sheikh Omar），也有称为夏狄利（Aliibn Umaral-Shadhili）的人在前往阿拉伯的瓦萨巴的路途中，发现许多雀鸟在啄食路旁树上的果实，于是他也摘下果实放进锅里煮食，饮下这种液体后疲惫感消失殆尽，随后他用这种液体治愈了不少路途中遇到的患者，并且把种子带回了摩卡种植。从摩卡开始，咖啡这种神奇而又娇贵的种子开始了全球扩散之旅，咖啡的种子一次次在陌生的土地上生根发芽，并终于在几百年后，来到了中国。

阿拉比卡咖啡开始在中国大陆扎根的地点是云南。云南地处高山峡谷地带，低纬度、高海拔、立体气候明显、昼夜温差大、热量条件较好、降雨量适中，是最适宜阿拉比卡咖啡树生长的地区，其出产的阿拉比卡咖啡口味可以和全世界优良的咖啡相媲美。据《宾川县志》记载，1892 年，中文名为田德能的法国传教士将咖啡带到了大理市宾川县朱苦拉村。朱苦拉是彝族语音，意指"弯弯曲曲的山路"，山高路险，气温较凉爽，少见病虫害，犹如世外桃源。时至今日，朱苦拉村的一座教堂周围仍存活着 24 株百余年的波旁品种的阿拉比卡咖啡树和另外 13 亩、总共 1000 多株的超过 60 年树龄的老咖啡树，朱苦拉村的人民也有着百年的喝咖啡习俗。作为我国最早种植咖啡的地区之一，云南已经成为中国咖啡的重要根据地和与国际交流的重要通道。1952 年，为了供应苏联市场，在云南省农科院的倡导下，保山潞江坝的农民开始大规模种植咖啡，乃至滇缅公路沿线婆娑摇曳的咖啡树成了一道风景。据1981年云南省农业科学院热带亚热带经济作物研究所马锡晋教授的调查，这些咖啡树中，波旁占69%，铁毕卡占31%。

云南在全省条件适宜地区推广咖啡种植，是1988年雀巢投资云南咖啡产业后的事情了。20世纪90年代，凭借技术优势，雀巢陆续从葡萄牙咖啡叶锈病研究中心（CIFC）、哥斯达黎加和泰国引进产量高且抗锈病的卡蒂姆品系，包括CIFC7960（F6）、CIFC7961（F6）、CIFC7962（F6）、CIFC7963（F6）等卡蒂姆系列抗锈咖啡品种在保山、德宏、临沧、普洱和西双版纳地区广泛种植。云南种植的咖啡品种中，卡蒂姆占比高达90%，5%~10%为萨其姆，其余才为铁毕卡、波旁、S288等，品种单调、优质新品种储备不足已经成为限制云南咖啡产业发展的重要因素之一。2012年，星巴克云南咖啡种植者支持中心投入运营，与云南咖啡种植者紧密合作，为他们提供免费的咖啡种植、加工培训和技术支持，致力于从种植、收购到加工全面呵护云南咖啡并提升云南咖啡的质量，帮助云南咖啡早日"走出中国，走向世界"。

云南咖啡日渐名声响亮，但是，中国的咖啡之乡并不是云南而是海南。由于气候和自然条件限制，海南种植中粒种咖啡，《张之洞经略琼崖史料汇编》中最早的关于咖啡的记载可以追溯到1887年。1898年，马来西亚华侨邝世连带回利比里卡咖啡种子，率先在老家文昌南阳石人坡村种下了最初的利比里卡咖啡种子，虽然只存活下来12株，但这批咖啡树却奠定了海南在中国咖啡史上独特的地位，起到了巨大的推动作用。1933

年，华侨陈显彰先生认定福山地区"平芜绵邈，泉甘土肥，四季常绿，交通较便"，始创澄迈"福山咖啡"，至 1950 年，福民农场种植咖啡面积达 800 多亩，挂果咖啡 12500 株，新植咖啡 3 万多株。而《海南岛志》也记载着："民国二十三年间，侨兴公司、琼安公司始由南洋购种栽植，成绩甚佳。查侨兴公司已种 30 余万株，年产咖啡 2000 斤。琼安则植千余株，其余各公司尚在试种中。"20 世纪 50 年代初，中央政府在万宁东海岸太阳河畔创办兴隆华侨农场，开垦荒地，发展经济。归国华侨普遍有种植和饮用咖啡的习惯，于是便将这种传统和习惯发展为规模经济，于 1952 年初创办兴隆华侨农场咖啡加工厂，而农场也开始大规模种植兴隆咖啡。1954 年，农场从马来西亚引进中粒种咖啡，并开始加工咖啡粉，兴隆咖啡逐渐名声在外。2007 年 12 月 26 日，"兴隆咖啡"成为地理标志保护产品，保护范围确定为海南省万宁市以兴隆华侨农场为中心及其周边的南桥镇、长丰镇、牛漏镇、三更罗镇、礼纪镇现辖行政区域。

20 世纪 80 年代后期开始，随国人饮用咖啡需求改变，海南岛咖啡种植规模逐年萎缩；进入 21 世纪，海南种植的各种水果蔬菜更是雄据全国市场，农户对于种植咖啡这种成长期长、管理精力投入大而产量并无显著优势的作物热情退却，于是，海南咖啡的往日辉煌逐渐逝去。但是，海南省对于咖啡的研究却仍然不落伍于全国。自 1957 年兴隆试验站成立并启动咖啡良种选育，到 1958 年 3 月由张籍香等 3 人组建中国第一个咖啡专业研究机构，再到 1983 年，高产罗布斯塔咖啡"热研 1 号"问世，再到 2016 年海南万宁兴隆咖啡研究院揭牌，海南的咖啡辉煌仍然继续在我国咖啡史中书写着一抹抹新的华彩。

第一章

咖啡豆的一生

咖啡复杂的味道并非一日而成，需要从种子长成树木的日日沉积。然而当提到咖啡的时候，人们想到的几乎都是那个棕色的小豆子，是时候来关注一下树、花和绿色小豆子的一切了。

第一节

从种子到树

一、种子

咖啡，茜草科，灌木或小乔木中的咖啡属（Coffea L.）。目前全世界驯化栽培的主要有小粒种（C.arabica Linn.）和中粒种（C.canephora Pierre ex Froehn），种植面积比约占 70% 和 30%；大粒种咖啡利比里卡（C.liberica Bull ex Hiern）也有少量种植。小粒咖啡，在咖啡播种后 2~3 年就有收获，6~8 年盛产，可以连续收获 20~30 年，管理良好的可以达到 50 年。

阿拉比卡（Arabica）

小粒种咖啡阿拉比卡（Coffea arabica Linn.），原产非洲埃塞俄比亚，适宜在海拔 600~1200 米的高地栽培，较能耐低温，抵抗锈病力差。阿拉比卡果实小，种仁小，故称小粒种咖啡。阿拉比卡咖啡是一种异源多倍体物种（$2n = 4x = 44$），由两种最接近的物种杂交而成，目前所知，为咖啡属唯一的四倍体植物，自花受粉。阿拉比卡种饮用品质最佳，气味香醇、口感馥郁且细腻、浓而不苦、香而不烈、略带果酸，它风味精致，醇度和酸度雅致，能紧紧抓住人们的味觉。口味"精致"的阿拉比卡咖啡受到了大多数人的喜爱，在咖啡市场中占据主要地位，产量占到了全世界咖啡总产量的三分之二。

在咖啡的发源地埃塞尔比亚有数百个咖啡品种，并且仍有包括杂交品种和自然变种等的新品种被发现；埃塞俄比亚之外，四个最常见的阿拉比卡品种是铁毕卡（Typica）、波旁（Bourbon）、卡杜拉（Caturra）和卡杜艾（Catuai）。

🌑 罗布斯塔（Canephora/Robusta）

罗布斯塔（Coffee Robusta Linden），19世纪末最先发现于比利时属刚果（今刚果民主共和国）。相较于阿拉比卡，罗布斯塔能适应高温环境，拥有较好的抗病能力，可以在较低的海拔种植并结果。在基因序列比对中，科学家发现罗布斯塔其实是现代阿拉比卡的双亲之一。最有可能诞生阿拉比卡的起源地是苏丹南部，在那里，罗布斯塔与另一种咖啡树种尤珍诺底斯（Coffea euginoides）交叉授粉，从而产生了全新的阿拉比卡。这个里程碑式的发现为咖啡的种群保护带来了新的机遇。

罗布斯塔咖啡是中粒种咖啡，现主要种植地是非洲的中、西部，为常绿的小乔木。罗布斯塔咖啡树植株不算太高也不低，枝干却较为粗壮，耐强光、干旱和风，畏寒冷，适宜生长在热带环境中和低海拔地区；能够抵抗咖啡叶锈病，不易受到天牛危害。罗布斯塔咖啡味浓且香，刺激性强，呆板、平凡、刺鼻，其风味带有木头、泥土、巧克力的风味特质，苦味虽重，但醇厚度高。

世界上最大的两个罗布斯塔咖啡生产国和出口国分别为越南和印度尼西亚，巴西、印度、墨西哥等地的罗布斯塔咖啡种植也较多。我国的海南地区拥有大片火山岩土地，气候湿热且多雨，是国内最适宜种植罗布斯塔咖啡的区域，也是其主要种植地。罗布斯塔占全世界咖啡产量的30%，但因它味苦且香气一般，价格往往较为低廉，常用

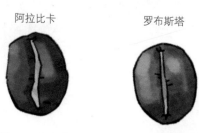

图 1-1　阿拉比卡咖啡豆和罗布斯塔咖啡豆

于制作混合咖啡，在以星巴克为代表的现磨咖啡店中，不会见到罗布斯塔的身影。（图 1-1）

利比里卡（Liberica）

大粒种咖啡利比里卡（Coffea liberica Bull），原产非洲的利比里亚，适宜在海拔 300 米以下的低地栽培；耐旱、抗虫，味道浓烈；其特征为香淡而味苦，品质产量都不算佳，全球种植不多。利比里卡咖啡树本身并不大，但果实大，长圆形，种子外壳较厚，果脐大而突起。利比里卡咖啡原产于非洲利比里卡热带雨林地区，常绿乔木，多分布于中低海拔地区。植株高大，侧枝粗而硬，斜出向上生长。利比里卡咖啡树能够经受强光与干旱的考验，也能够经受一定程度的寒冷挑战，但大都风味不佳，苦味浓烈，刺激性强，品质较差，且容易感染咖啡叶锈病，商业性栽培很少，仅欧洲地区和我国台湾地区有少量种植。

二、种植

咖啡树的一生从苗圃开始，在那里，富有活力的、前一季留下来的咖啡豆会作为种子埋进土壤，种子萌发需要潮湿阴凉的环境，在适宜的条件下，种子逐渐活跃，进入萌发阶段。这段时期，幼胚会恢复生长，胚根、胚芽逐渐突破种皮，并向外伸长。虽然条件有异、表现不同，但咖啡种子的萌发都有共同的规律，即经过吸胀、萌动、发芽三个阶段。

种子的吸胀即种子吸水膨胀的自然现象，这是种子萌发的第一阶段。咖啡种子含有丰富的淀粉、蛋白质等亲水物质，在干燥的种子内，这些物质呈皱缩状态，当用清水，特别是用温水浸种后，种子便会很快吸水膨胀，种皮及内果皮迅速变软，种仁膨胀，直到细胞内水分达到饱和，体积增至最大限度，才会停止吸水。若在此时去掉内果皮和种皮，可明显见到种子里的胚。死亡的种子也含有亲水物质，具有吸水力，浸入水中依旧能吸胀，因此，种子的吸胀并不能应用于判断是否能生根发芽。活种子吸涨后，可促进亲水胶体发生水合作用，给种子内酶创造舒适的条件，从而加强种子的代谢作用，促进种子的萌动。

在吸胀过程中，有活力的咖啡种子随着进入细胞内水分的增加，酶的活性逐渐加强，促进种子内营养物质的转化，以供应胚细胞生长发育的需要。胚细胞的新陈代谢加强，促进胚细胞的分裂和伸长。当胚的体积增长到一定程度时，首先是胚根突破种皮而露出白色根点，这就是咖啡种子的萌动，俗称"露白"。萌动是咖啡种子开始萌发的标志。在适宜的温度条件下，只有活的咖啡种子才能露白，因此，在咖啡育苗中，应先将种子浸种、砂床催芽，把"露白"的种子捡出播种，或待种子发芽出土，达到"勇士"期（即弯钩伸直）移苗，这样可保证成苗率高，生长一致，也便于管理。咖啡种子从催芽到"露白"，一般需 30~40 天，若水分足、温度适宜，则萌动快，反之则慢。用新鲜种子播种，萌动较快，一般 15 天左右即可露出根点。若采用新鲜种子，去掉内果皮后温水浸种 12 小时，在 25℃气温下，最快 12 天左右种子即可萌动。

种子萌动以后，在适宜条件下，胚继续生长，胚根从珠孔伸出。当胚根长到 4~5 毫米，有明显的向地生长趋势，称为种子发芽。此后，胚根向下生长，胚轴逐渐弯曲，形成弯钩。随后胚根继续向下生长，形成主根，从主根长出侧根，构成根系。胚的上部则朝着相反的方向向上发展，胚轴逐渐伸长，将子叶顶出地面，此时称为出土。幼苗出土后，胚轴继续伸长，长至 3~5 厘米时，弯钩逐渐伸直，当弯钩完全伸直时，称为"勇士"期，至此，种子发芽阶段结束。

种子的萌发结束后，接着便是幼苗的形成，胚根会继续向下生长，形成主根，初生的主根往四周蔓延，从主根长出侧根、形成根系。胚芽则往上生长，逐步形成一根绿色的细茎向上伸展。第 6 周时，这根细茎破土而出。在这一阶段，植物被称为"火柴梗"，因为在茎顶端的圆形叶子（胚芽刚长出的叶子）就像是火柴头。这个阶段的关键是选择最好的幼苗移入苗圃，幼苗需要在每天监测温度、水和害虫的保护环境中再度过 1 年。两个月后，子叶分离成两片幼叶，通过光合作用滋养幼苗，然后取而代之的将是第一批真正的叶子。4 个月时，他们将长出第一批枝条，大约一年后，将长出墨绿色、健康的叶片和深扎入田地中的健壮根系。此时，咖啡幼苗已经开始具有咖啡独有的香气。

种植者的工作并非就此停歇，咖啡树枝干的生长需要细心呵护，从主干上长出的第一支分枝决定了成年后的树形态势、生长速度、结果程度，关系十分重大，而从第一分枝上生长的第二分枝则是主要的结果枝，更是无比重要。通常咖啡树的茎都是直直地生长，茎上有节，节的密度是判断品种的重要标准之一。

种植咖啡不仅需要投入金钱，更要投入时间，咖啡树生长成熟并带来第一次商业收获一般需要 3~4 年的时间。一位种植者在种下咖啡开始算起，至少需要 3 年的等待，才能开始有适量的咖啡果实可以采收。在此期间，要保护其免遭霜冻、干旱和杂草的侵害，而咖啡树通常只有 25~30 年的收获期。种植咖啡树是一件需要严肃对待且下定决心方可做好的事情，或者说，种下一粒咖啡豆，你需要有足够的耐心并学会等待，更要接受前 3 年一无所获的事实。对很多地区的种植者来说，这是非常艰难的事情，但对中国种植者来说，3 年只是一瞬间。

咖啡树的第一次开花期约为树龄 3 年左右的春天。此后，每逢初春，咖啡树的枝芽便会布满乳白的花朵，花聚集成为花序，花序浓密而成串排列，散发着仿若香橙和茉莉交织的浓郁香气（图 1-2）。近细看，花呈管状，为圆柱形，雄蕊柱头呈两裂，子房下位，雄蕊数目常与花瓣数目相同。咖啡花常生长

图1-2 咖啡花

于叶腋间，分枝及主干的叶腋均能形成花芽，但主要还是集中于分枝上。咖啡花芽的形成与枝条内部养分及环境都有着密切关系，咖啡花芽发育至最后一个阶段，需要合适的湿度和温度才能开放，若时运不济遇上干旱或低温来袭，花芽就不能开放或只能开放为星状花。星状花的花瓣小、尖、硬、无香味，呈黄色或浅红色，授粉成功率很低甚至不授粉。介于正常花与星状花之间的花朵称之为近正常花，近正常花虽然可以稔实，但稔实率并不高。在花期如果碰上干旱，需要通过灌溉以增加正常花的开放，减少星状花形成。

　　咖啡树的特质之一就是它有时一年之内可以开花结果好几次。有些时候，一片果园中仅有一棵树开花，像年轻的新娘独自美丽；有时，则是整个咖啡园百花齐放，一眼望去犹如一片白色的花海，美丽醉人。令人惋惜的是，花期稍纵即逝，两三天之内花瓣就随风飘落散去，只留些许余香在空气中旋转。

咖啡树的另一特性是花和果实可以在成熟期不同阶段同时并存。种植者时常需要面临一种困难的选择：究竟是该一次把成熟的、未熟的、过熟的果实同时采下凑出较多产量，还是付出额外成本特别留心只采摘完美的成熟果实？这的确是一个令人烦恼的成本与收益问题，并且在不同情境下有着不同的优选方案。

椭圆的咖啡果围绕枝干紧密地聚在一起，修长光滑的墨绿色牙状叶子对生在枝干两边。向阳的一面叶面较硬，背面则较为柔软，边缘形成扇形，枝干也是从主干对生出来。咖啡的果实是核果，初长成时呈现绿色（图1-3），随着日渐成熟，果皮颜色也日益转深，成熟后转为红色（图1-4），和樱桃极为相似，"咖啡樱桃（coffee cherry）"的名称由此得来。咖啡果皮转为红色时即可采收。不过也有些品种的果皮为黄色，黄

图1-3 未成熟的咖啡果

图1-4 成熟的咖啡果

果皮与红果皮的咖啡混血后可能产生橘色果皮的品种。果皮颜色虽然与产量没有直接关联，但黄色的成熟度更加难以辨识，无疑大大增加了采摘时的劳动力需求。

咖啡果虽小，却内有乾坤。每一颗咖啡果里面存在着两颗种子，同时生长，这两颗豆子各以其平面的一边，面对面直立相连。受到果实大小的限制，逐渐长大的两颗咖啡豆彼此接触的那一面，会在挤压下变得扁平，这就是我们所见咖啡豆独特形状的成因。咖啡果实的果皮下依次为果肉和果胶，果胶是一层包裹咖啡豆的胶状物质，果胶层下面是一层内果皮，也被称作"羊皮纸"，最里面包裹着咖啡种子的是一层薄如纸片的银皮。

咖啡与蝙蝠，看似毫无干系的两个物种，却有着不小的联系。在牙买加，果子成熟与否蝙蝠最先知道，它们会在晚上

吸吮咖啡果浆，顺便通知人们：咖啡果子成熟了，可以开始采摘了。

咖啡果的成熟程度通常与其含糖量多少有直接关联，这正是种出美味咖啡的决定性因素，概括而论，果实含糖量越高代表咖啡质量越好。但是不同的生产者可能选择不同的果实成熟阶段进行采收，有些生产者认为混合不同成熟度的果实可以增加咖啡风味的复杂度。不过所有浆果都必须遵循一定的成熟度，不能有任何一颗过熟，以免产生一些令人不悦的风味。

三、海拔和微气候

种植环境对于咖啡树的重要性不言而喻，种植优质咖啡的环境条件相当严格。如酿酒的葡萄一样，咖啡的风味源自其生长所处的独特地理环境。"我们不生产水，我们只是大自然的搬运工"，这句为人熟知的农夫山泉的广告语也道出了咖啡种植者的角色——许多咖啡的味道在种植初期就已决定，而种植者只需要在这期间细心呵护它的成长，充当大自然的"搬运工"。

适宜咖啡生长的气候带非常狭窄，全球大部分的咖啡产区都位于南北回归线之间的热带地区，该地带终年阳光直射，有着丰沛的热量和充足的雨水，年平均气温在20℃以上，气候条件卓越，我们称之为"咖啡带"（Coffee Belt 或 Coffee Zone）。高温多湿和强光照的气候条件适合很多咖啡品种，咖啡树尤其喜欢时常起雾且昼夜温差大的气候特征，但如果温度过低，咖啡面对霜冻则没有任何抵抗能力。雨量是否充足以及雨水的频率都会在很多方面影响咖啡生产。气候变化带来的降雨量和降雨频率的变化会影响开花，对咖啡树的成熟期产生影响；干旱对咖啡的产量和质量均会产生影响；收获期的降雨会损坏咖啡鲜果并影响微生物的种类和数量。某些品种的阿拉比卡咖啡树不耐高温多湿，因此海拔较高地区，是这些高品质树种的良好生长地带。

"高山出好咖啡"，气候以外，海拔是影响咖啡品质的重要因素，咖啡烘焙的导热性、软硬、香气保留程度都与咖啡种植海拔相关联。优质的阿拉比卡咖啡豆蓬勃生长在咖啡树能生长的最高海拔——从 900~1800 米的地带；较低品质的咖啡生长在海拔较低的区域，产量也许会增加，但难以形成优雅的风味。海拔越高，昼夜温差变化越大，晚间的低温可以延缓咖啡浆果的成长速度，使浆果有更多的时间积累并形成复杂的风味。高海拔种植的咖啡豆更坚硬，外形更小，密度也更大，风味更加复杂，能够承受的烘焙度也更深。海拔同时还影响着水资源的利用以及后期的处理方法，为了尽可能保护生态环境，山顶和山脊通常不宜种植咖啡树。

咖啡业内有个术语叫"Terroir"，这是一个法语词汇，本意为"土壤"，用于描述决定了咖啡味道的环境因素。气温、土壤、雨量、阳光等条件同样会影响到咖啡的品质，由于日照和排水的要求，咖啡树一般都种植于山坡上，而火山土壤是最佳的土壤条件。咖啡树根系浅，最适合生长在肥沃且排水良好的土壤之中，覆盖着火山灰的土壤或森林土壤富含有机质、水汽丰沛、土层深厚、呈弱酸性等都是适宜咖啡树生长的条件。雨水要适量，旱和涝都是咖啡树生长的大敌。日照是咖啡成长及结果不可或缺的要素，但过于强烈的阳光会影响到咖啡树的生长，所以一般以每日照射两小时为宜，光照过强的种植园，需要进行遮阴处理，因此各产地通常会配合种植一些香蕉、芒果以及豆科植物等树干较高的植物作为遮阴树，"雨林咖啡""阴植咖啡"便因此而得名。

四、种植的挑战

近年来的气候变化幅度加剧严重危害到咖啡树的健康生长。天气变化，不稳定的降雨，气温反常和剧烈波动，天气变化催生的病虫害变化都对咖啡的产量和质量产生了严重的负面影响。英国皇家植物园的植物资源高级研究组长 Aaron Davis 曾表示：最近发表的一些关于咖啡和气候变化的文章和观点都明确表示，全世界的咖啡种植业的确受到了来自气候变化的负面影响。气候变化与不可预测的降雨对于咖啡种植者是一个巨大的挑战，突然发生的气候变化还可能导致收成的不确定性。收获季节需要干燥的天气，突如其来的降雨可能会给收获和加工过程带来许多问题，例如咖啡果实在树上分裂、失去黏液等。通常咖啡树开花九个月后咖啡果实成熟，然而季节性降雨的变化模式会引起不稳定的开花期，这意味着咖啡果实将在不同时间陆续成熟，直接导致采摘者需要在不同时间采集咖啡果实，如果管理不善，可能会采摘未成熟或过于成熟的咖啡浆果并最终对咖啡的味道产生负面影响，从而降低咖啡的口感。

虫害、疾病和真菌等威胁也会导致咖啡树大规模死亡，是咖啡种植者最大的敌人。

🫘 叶锈病

多个世纪以来，咖啡树最大的敌人是叶锈病。咖啡树被咖啡驼孢锈菌感染后，初期会出现许多浅黄色水渍状小斑，并呈水渍状扩大；后期病斑逐渐扩大或连在一起，形成不规则的病斑；病斑在晚期干枯，呈深褐色；到病情十分严重时，整个发病叶片会发生脱落，枝条干枯，最终导致整棵树的死亡。叶锈病防治不好，可能会导致成片的咖啡树被感染。

🫘 炭疽病

咖啡炭疽病主要危害咖啡叶片边缘，叶片初期被侵染后，上下表面均会出现不规则的淡褐色病斑，直径为 3cm 左右，病斑中心呈现灰白色，边缘呈黄色，到后期则完全变成灰色，出现许多同心圆排列的黑色小点。炭疽病不仅发生于叶片上，也可蔓延到果实和枝条，使枝条干枯，果实出现黑色的凹陷病斑、果肉变硬并紧贴在豆粒上。令人惋惜的是，几乎所有咖啡栽培地区都会发生咖啡炭疽病。

🫘 美洲叶斑病

美洲叶斑病又称鸡眼病或咖啡叶斑病，病原菌是一种原产于美洲热带森林的习居菌，在阴湿天气发生最为严重。主要侵害部位是咖啡叶片，也会侵害果实和嫩枝部位。被侵害的叶片呈现不规则的大病斑，病斑表现为深褐色或黑色，并逐渐扩大，无轮纹。病害较严重时叶片凋落，嫩枝受害部位易被风吹断，受害的果实会产生浅色褪绿色近圆形的斑点，直至变成红褐色，但不会脱落。幼苗和幼树特别容易感染，往往引起枯萎。不同品种的咖啡都易感染此病。

🫘 害虫

咖啡浆果蠹虫是一种侵入咖啡果实中的小甲虫，它们将卵产到咖啡果实里，卵发育后会以果实为食，导致咖啡产量减少、品质降低。咖啡浆果蠹虫也已经遍布全球咖啡产区，剪枝是防止这种蠹虫的最佳方法，管理良好的种植园会采用生物防治法治理这种害虫。

线虫是一种蠕虫，通过吸食树枝，攻击植物的根系并在根系上形成结节。受害根系出现浅褐色病斑，伴随次生病原物，引起根系根腐，造成产量损失。

咖啡虎天牛的成虫飞翔能力强，常于晴天活动，有伪死性、无趋光性，喜爱在距地 50~100cm 的咖啡茎表皮裂缝中产卵，孵化后的幼虫蛀入皮层旋蛀为害。因幼虫仅在形成层与木质部间活动，初期不易发现明显的驻入孔，随着时间推移虫害逐渐侵入木质部蛀食，会呈现一条弯曲的、填满木屑的隧道，逐渐失去机械支持作用，遇到风雨时易折断。害虫有时还会蛀食咖啡树根部，咖啡植株因此失去再生能力。咖啡虎天牛在全球各咖啡产区均有分布，我国云南、广西和海南也时有发生。它对咖啡的产量影响非常大，轻者使植株萎黄、枯枝、落果，严重的能使咖啡主干折断，整株死亡。

五、采收

咖啡在果实达到最佳成熟度时采收，方可呈现最佳风味。咖啡浆果采收阶段可以视为人类介入咖啡风味的"搬运工"阶段，采收后，咖啡再也无法改进质量，因此，掌握最佳采摘时机对咖啡风味的影响至关重要。咖啡浆果会在整个收获季节中持续生长和成熟，通常会持续 3~6 个月不等。在一棵树上经常可以看到发展至不同阶段的咖啡浆果，对追求质量的种植者来说，这意味着需要进行多次收获，以确保最好的质量。

收获咖啡是繁重且艰苦的工作，农场的地形和收获方法是影响收获效率和效果的最重要因素。采收方式通常分为手工采收、机械采收和速剥采收法。手工收获高品质阿拉比卡咖啡最为常见，这也是最能确保收获质量一致性的方式。通常在每天早上温度较低的时候，工人们小心翼翼地避开正在生长的果实，摘下一颗颗成熟的浆果。

在有条件的地区，例如坐落在平坦土地上的农场，可以使用机械式采摘方法收获咖啡：先将咖啡浆果从树上摇落、收集，然后将收获后的咖啡浆果依据成熟度进行筛选。使用机械采收虽然在采收效率和人工方面具有优势，但同时也产生了其他问题，其中最重要的是会采收到未完全成熟的果实，从而影响到烘焙咖啡的品质。完成采收后，虽然可以通过机械方法将未成熟的果实分离，但仍然会在一定程度上造成浪费，并降低咖啡收成的品质。

速剥采收（Strip-picking）通常发生在收获时节的最后时刻，采收者将不加选择地捋下树枝上所有的咖啡浆果。这样的方式在山地环境下同样能够高效地完成采收，但与机械采收一样不能提供最高质量的收获。

◖ 第二节 ◗

生豆加工

生豆加工是将咖啡生豆从果实中剔出的过程。想要做好这一步，了解咖啡浆果的结构非常必要。咖啡豆是咖啡浆果最里面的部分，需要刮除层层果皮、去除厚厚的黏液才能够得到被紧密包裹着的种子。（图1-5）

生豆的加工过程必须非常重视质量管理。种植区域的自然气候、资源和咖啡供应链共同形成并塑造了独特的咖啡风味，但大多数生豆的加工方法却都可以归结为三类：水洗法、半水洗法和自然干燥法。

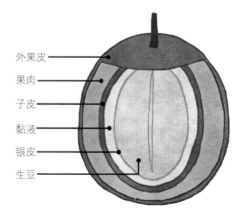

外果皮
果肉
子皮
黏液
银皮
生豆

图1-5 咖啡豆的结构

不同的加工方法能够对咖啡风味产生重大的影响，选择和运用

不同的加工方法，能够给同一种植园的同产季咖啡赋予不同的风味和品质。

一、水洗法

水洗法（Washed processing），顾名思义，这种方法依靠水在工艺过程中的介入。1740 年，荷兰人在西印度群岛（现加勒比海地区群岛）大量加工生咖啡豆时发现，去皮后仍然依附在种壳上的不溶于水的黏质果胶（pectin）在泡水后会轻微发酵并很容易从种壳上剥落，还能获得较清洁的咖啡豆和酸度更高的杯中风味，于是发明了水洗法。水洗法的诞生改善了当时日晒加工过程中咖啡果实容易发霉、易有杂味的缺点。使用水去除黏液层、发酵强化咖啡的酸度，这就是多采用水洗法加工的拉丁美洲咖啡往往因显著的酸度而闻名的原因。

水洗加工法主要包括打浆、发酵（或脱胶）、干燥、搁置和脱壳等步骤。

打浆　咖啡果实经清洗后送入去果肉机，经由挤压和摩擦，清除咖啡果实的外表皮和果肉层，再将包裹着黏液（也称为果胶）的咖啡豆集中存入发酵池内。

发酵　将脱皮后的豆粒放在发酵池或水缸内浸泡发酵，使豆粒表面的果胶在酶的作用下水解或降解，发酵过程通常需要 18~36 小时。

在一些咖啡产区，除了发酵以外，也会采用直接脱胶的方法去除果胶层，这种方式先将打浆后的咖啡豆通过特别的机械揉搓，或者使用咖啡豆之间相互摩擦的力量去除黏稠的果胶，然后再进行清洗。传统湿法加工需要使用大量的水，而使用机械去除黏液的方式使用的水量不到发酵所需水量的 5%，更加环保和适应水资源缺乏地区的加工需求。

发酵后的带壳咖啡豆被一层银皮包裹，银皮外还有一层质地致密的子皮，银皮和种壳结合紧密。带壳咖啡豆初步沥干后，其含水量通常在 52%~53%，需要进行干燥。

干燥方法有自然干燥法和机械干燥法。自然干燥法是将带壳咖啡豆均匀地铺晒在大型户外场地或干燥台上，在温和的阳光下晒干，或置于通风处晾干。在户外自然干燥时，咖啡豆需要频繁地用耙子翻动，确保其晾晒均匀，依据晾晒时的天气情况，其过程需要 5~7 天。在一些气候比较潮湿的地区会使用机械的滚筒干燥机干燥，以更加均匀、高效地干燥咖啡豆，提升咖啡品质。但由于设备的投入成本要求高，大部分小型农场很难做到。带壳咖啡豆经过干燥后，整体的含水率降至 11% 左右。

干燥

咖啡干燥是一个不可逆的生产过程，一旦开始就不能让咖啡豆再回潮，否则会造成大量的坏豆，如海绵豆和白豆等。

搁置和脱壳

干燥的咖啡豆装袋后转移到仓库，搁置两个月，期间会继续形成风味。咖啡搁置之后需要去皮，咖啡生豆加工的最后一步是去除咖啡豆外部周围的子皮。

二、半水洗法

印度尼西亚的咖啡生豆加工多采用当地传统的半水洗法（Semi-washed processing），也称为湿刨法（Giling basah），这一方法形成了印尼咖啡醇厚的口感，以及带着土壤、木头与辛香的酸度较低的风味。相较于水洗法，半水洗法在浆果脱除果皮后，需要将咖啡豆在水中浸泡 1~2 小时，然后相互摩擦清洗去除黏液。与其他处理法不同之处在于，不是直接将咖啡豆晒到含水率 11%~12% 的程度，而是先做部分干燥晾晒，待咖啡豆的含水率降至 30%~35% 时，将咖啡豆进行脱壳处理，去除咖啡豆的子皮，让生豆表面直接暴露出来之后，继续晒干，直至达到 11% 左右的含水率为止，这种二次干燥的方式形成了咖啡豆如沼泽般的深绿色外观。这种部分干燥并且不进行发酵的方式，还赋予了半水洗咖啡草药味、泥土芳香且醇度浓郁的风味。

巴西半水洗法（Pulped Natural）常见于巴西的部分地区，这种方法采用机械方式从咖啡豆上去除了果皮和果肉，但仍然保留大量黏液，咖啡生豆在黏液的包裹中逐渐干燥，黏液的糖分能对醇度和甜度产生显著作用，影响咖啡的味道。整个干燥过程需要大量的细心照料，以避免风味瑕疵。

蜜水洗法（Honey processed），也称蜜处理法，类似于巴西半水洗法，常见于中美洲的部分地区，它较巴西半水洗法使用更少的水，在干燥前保留更多的完好无损的黏液和果肉，其处理过程同样需要大量的照料和关注，以避免瑕疵的形成。经蜜处理法处理的生豆，整体风味更凸显果胶的甜香与近似芒果、龙眼、榛果和蜂蜜的果香味，酸味较为低沉柔顺。

三、自然干燥法

自然干燥法（Natural Processing）也称日晒处理法，在巴西、也门和埃塞俄比亚被运用的更频繁，这种方法的独特之处在于加工过程中始终没有水的参与，在自然环境或干燥过程中，浆果的果肉始终附着在咖啡豆上，采用这种方法加工的咖啡具有浓郁的蓝莓、草莓或热带水果等风味。这种处理方法是一种相对难以预测成败的精致处理法，如果管理不当或干燥不均匀，也会产生诸如谷仓旁的土地味、野性风味、过度发酵味等负面风味，即使经过高质量采收的咖啡浆果，也有可能因为处理过程中的微小失误而造成难以挽回的损失。

世界各地的种植者都可以尝试自然干燥法。首先将采收的鲜果直接放在晒场上晒干，需时 15~30 天（视光照与空气湿度而定）。咖啡浆果摊开放在架高的晾晒床上，需要频繁地翻动以确保均匀干燥，从而避免果实腐烂或发酵。当咖啡浆果变得非常硬、表皮类似于葡萄干时，便可放入仓库保存，当需要出售时，将干燥的浆果去皮并筛除杂质。自然干燥加工法看似极为简单，设备费用低、人员也不需要专门训练，但实际上却非常易受不良天气的影响，甚至造成咖啡豆霉变，影响最终的品质。

在埃塞俄比亚和巴西的某些地区，受水资源的限制，自然干燥处理法是生产者唯一可选的方案；但在另一些地方，日晒处理法则作为咖啡保持风味的传统被世世代代传承至今。无论哪种情况，日晒处理法通常都会为咖啡增加水果般的风味，广泛受到咖啡爱好者们的追捧。高品质的自然干燥加工的咖啡豆需求与日俱增。

四、生豆筛选

无论使用何种加工方式，所有加工后的咖啡生豆均需按照同一原则，经手工或设备，对颜色和密度进行筛选分类，从而确保品质的一致性。密度是品质的关键指标，未达到一定重量的生豆将作为次品废弃；碎的、空心的、过度干燥的、过小或过大的咖啡豆也通常被称为次品。（图1-6）

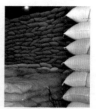

手工筛选
寻找有缺陷的，碎的或特殊大小的咖啡豆。

密度筛选
在这个震动的平台上，较重的（密度高的）作为更高的质量筛选分类。

电子色选机
这种机器运用一个电子"眼"通过颜色筛选出质量缺陷的咖啡豆。

最终装袋
依据质量分类储存。

图1-6 生豆筛选流程

生豆的缺陷瑕疵评估在质量评估中是极其重要的。生豆瑕疵分为一级瑕疵和二级瑕疵，精品咖啡要求无一级瑕疵豆，二级瑕疵豆在 350g 重生豆中的总量不可超过 5 颗。生豆瑕疵的分类、影响与成因如下。（表 1-1）

表 1-1　生豆瑕疵的分类、影响与成因

名称	影响	成因
黑豆	产生发酵、恶臭、霉味、酸腐味等等（有赭曲霉毒素 A 的风险）	通常是在干燥过程中过度发酵，特别是自然干燥处理的豆子，也有可能是因为咖啡果实存放在过度潮湿的环境或是干旱、疾病等各种原因所造成的
酸豆	产生发酵、恶臭、霉味、酸腐味，主要取决于豆子的发酵程度	主要是因为在处理过程中被微生物感染所造成，具体原因包括摘采过熟或是掉落地上的果实，处理的时候水质受到污染等原因
虫蛀豆	造成咖啡熟豆外观缺陷，会产生脏味、酸臭、碘味或是霉味	咖啡蛀虫啃食咖啡豆所造成，在越高海拔种植的咖啡倾向有着越少的虫蛀瑕疵
霉菌豆	产生发酵、恶臭、霉味、泥土味	最主要是由霉菌感染造成，感染可以发生在豆子从采收到储存的任何时间点
未熟豆	一般而言会有青草味、稻草味，同时也是涩味产生的主要原因	未熟豆的生成原因大多由于不适当的采收，或是高纬度咖啡树果实成熟度不均匀的关系
缩水豆 /枯萎豆	产生类似杂草的风味，以及稻草味（取决于数量）	大多由于咖啡果实在生长的时候遭遇干旱所造成的缺水而产生，缩水程度取决于干旱的时间以及强度
白豆 /漂浮豆	产生发酵、草味、泥土和霉味，会使咖啡的味道变淡而产生负面风味	不适当的储存或干燥

名称	影响	成因
贝壳豆	可能在烘焙的时候产生焦味，数量多的话可能会使烘焙不均匀	因为基因关系所产生
机损豆	产生脏味、霉味、泥土味或是发酵味	通常是在去除果肉或脱壳的时候，由于机器的问题而割伤豆子
异物	依照种类会产生不同的负面风味	在处理的时候由于各种不同原因而累积起来

第三节

烘焙

　　除非追求特殊风味和品质，绿色的咖啡生豆通常不会直接使用，而是需要经过加热烘焙、脱去银皮后，才能得到棕色或深棕色的香味诱人的咖啡豆。烘焙后，咖啡豆颜色加深，重量减轻 10%~20%，体积膨胀 30%~100%，质地变得松脆，拥有层次丰富的芳香。

　　咖啡烘焙过程中，各种成分的变化是烘焙咖啡豆形成丰富香气和滋味的原因，而最重要的工艺参数是烘焙温度和时间，如果烘焙时间过长、温度过高，则会产生不理想的化学反应，致使咖啡的焦苦味过浓；如果烘焙不足，则会影响一些涩味物质的分解及芳香物质的形成，导致芳香不足、滋味差。事实上，如果想要烘焙出高品质的咖啡豆，反复练习和积累经验才是王道，在烘焙的过程中仔细观察咖啡豆的色泽、听声音、闻气味，并做好记录是积攒烘焙成功经验的法宝。无论成功与否，烘焙师最好是在每次烘焙结束后都进行杯测，强化烘焙与感官之间的联系。

烘焙机具有精准控制等优点，因此绝大部分烘焙师都会选择用烘焙机来烘豆。根据导热方式的不同，烘焙机被分为三类：直火式、半热风式（又称半直火式）、热风式（又称热气流式），其中后两种比较常见。直火式烘焙机筒壁有小孔，咖啡豆会直接接触明火，容易受热不均且膨胀不足，目前已很少有人使用；半热风式烘焙机既可以通过滚筒筒壁进行热传导，也可以通过产生的热风进行对流传热，能方便地微调火候，最大限度地激发咖啡豆的风味和香气；热风式烘焙机则主要通过热风对流传热，其导热效果最佳，烘焙效率高，可控性强，但由于烘焙速度太快，容易造成咖啡豆香气发展不足，更适合在大工厂使用。（图1-7）

图1-7 小型咖啡烘焙机

一、烘焙阶段

烘焙有许多阶段，一份咖啡豆经历各个阶段的速度，就是烘焙模式（roast profile）。许多烘焙者会仔细写下每一次的烘焙记录（图1-8），包括不同阶段的火力、咖啡豆温度－时间曲线、上升率（ROR）、咖啡豆风味等，以减小温度和时间误差，以便于后续精准重现每一次烘焙。

决定某一款咖啡豆的烘焙模式应该从成品的杯测开始倒推，烘焙前要根据成品的风味来决定各个烘焙参数，以便对整个烘焙阶段进行调整，即使是同一种生豆，使用不同的烘焙模式，得到的咖啡豆味道和香气也会有极大的不同。

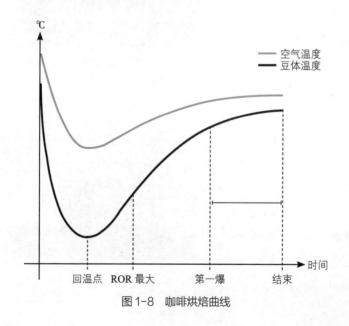

图1-8　咖啡烘焙曲线

理论上，咖啡豆的烘焙分为六个阶段：脱水、转黄、第一爆、风味发展阶段、第二爆、冷却；根据咖啡豆的颜色变化，烘焙过程可以分为生豆、脱水、转黄、一爆前、一爆初、一爆密集、风味发展阶段、二爆、法式烘焙等几个阶段。每一阶段都至关重要，烘焙师都需要严格控制火候、风门，不断观察咖啡豆的颜色与形状，借助取样棒闻咖啡豆的香气，方可烘出完美的咖啡豆。

𝄞 第一阶段：脱水

咖啡生豆含有 7%~11% 的水分，均匀分布于整颗咖啡豆的紧密结构中，脱水阶段的咖啡豆吸收的大量热量主要用于蒸发多余的水分，豆体的温度不会高于 100℃。将咖啡生豆倒入烘豆机后，烘豆机内的温度会暂时下降，开始的几分钟内，咖啡豆的外观以及气味没有什么显著的变化，颜色会有些许泛白，主要是一些草本的味道。投入生豆时的温度很重要，投豆温度过高，可能会灼伤生豆的表面，使咖啡产生烘焙过度的不悦风味；而投豆温度过低，整个烘焙的节奏就会变慢，影响咖啡豆的整体风味。

有咖啡师建议，脱水阶段可以调小风门，多用筒壁给咖啡豆传热，减少热风传热，用闷蒸的方式给咖啡豆脱水，可以保证咖啡豆水分排出最大化。但也有一些推崇浅焙的北欧烘焙师，在脱水时会将风门完全打开，同时给予较大火力，以便为后续阶段积攒足够的能量。

🥤 第二阶段：转黄

多余的水分被带出咖啡豆后，烘豆机内的温度达到回温点，豆体的温度开始升高，褐变反应的第一阶段就开始了。高温下，糖类会发生焦糖化反应（始于170℃），还会与氨基酸发生美拉德反应（始于149℃），使咖啡豆变成褐色。这个阶段，咖啡豆结构仍然非常紧实且带有类似印度香米和烤面包的香气和淡淡的焦糖香气。不久之后，咖啡豆开始膨胀，表面出现木纹，表层的银皮逐渐脱落，烘豆机的抽风装置将其排至银皮收集桶中，随后桶内的银皮会被清除到银皮收集器。此阶段的火力可以调大一些，给后阶段的化学反应积攒能量。

脱水和转黄这两个阶段非常重要：假如没有正确地去除咖啡生豆的水分，在后续的烘焙阶段中就很难达到均匀烘焙的状态，并且由于形成的水蒸气压力不够，后续的一爆也很难达到理想状态。即使咖啡豆的外表看起来无异，内部却可能没熟透，冲煮后的风味令人不悦，具有咖啡豆表面的苦味以及豆芯未发展完全的尖锐酸味及青草味。如果在转黄阶段，咖啡豆出现了橙色或者褐色的斑点，表明咖啡前两个阶段的烘焙出现了问题，需要调整投豆量、投豆温、烘焙火力、滚筒转速等，重新烘焙。

🥤 第三阶段：第一爆

当褐变反应开始加速时，咖啡豆内就会开始产生大量的气体，大部分是二氧化碳，也有水蒸气。当咖啡豆无法承受住内部不断增加的压力时，就开始爆裂并发出清脆的响声，同时体积膨胀将近两倍，颜色变为淡棕色，通常称为"第一爆"。这一阶段，咖啡中的化合将由风味前体转化成特定的风味物质并最终呈现人们所熟知和喜爱的咖啡风味。

　　首先，多糖会受热分解形成有机酸，呈现令人愉悦的酸味；同时，绿原酸、葫芦巴碱等物质也会发生热分解，生咖啡豆的尖酸和涩味降低。低聚糖受热分解产生具有羰基的还原糖（如葡萄糖和果糖等），而后与蛋白质以及游离氨基酸的氨基发生美拉德反应，生成吡嗪类、呋喃类、醛类和酮类化合物等一系列风味物质。咖啡豆中的糖类还会发生焦糖化反应，在高温下脱水、裂解生成焦糖和小分子醛酮类。焦糖化反应会衍生出上百种重要的芳香物质，使咖啡豆的味道苦中带甘，拥有迷人甜香。此外，还有一个重要的反应就是 α- 氨基酸与美拉德反应的初级阶段产物——α- 二羰基化合物发生的斯特勒克降解反应（Strecker 降解），该反应生成的醛类和酮类物质，如2- 甲基丁醛、3- 甲基丁醛、甲硫基丙醛、乙酰基丙酮等，也是主要的香味物质。

　　这一阶段的热能过低，可能导致烘焙温度停滞，造成咖啡风味呆钝；而如果温度上升速度太快，美拉德反应和焦糖化反应时间不够，则会导致咖啡的风味发展不足，而且可能会过酸。因此一爆阶段的火力调整非常重要，有些咖啡豆在一爆阶段需要降低火力，比如部分日晒豆，否则会导致豆子有烘焙过度的味道；而有些咖啡豆则不需要降低火力，比如部分水洗豆，这样烘出来的豆子风味会更复杂，酸味和甜味更明亮。一爆结束后温度会快速上升，所以在这一阶段中，烘焙师需要控制好温度稳步上升，否则成品会辛辣、乏味。

第四阶段：咖啡风味发展

第一爆结束后，咖啡豆表面看起来会较为平滑，但仍有少许褶皱。接下来就是一段"沉寂期"，这个阶段决定了最终咖啡上色的深度以及烘焙的实际深度，烘得越久，苦味就越高。这个阶段中，具有苦涩味的咖啡因是最主要的物质，其他还包括绿原酸，绿原酸受热分解形成的绿原酸内酯，以及焦糖化反应和美拉德反应的产物。

第五阶段：第二爆

随着温度的不断升高，纤维质逐渐碳化，同时气体不断地产生，咖啡豆再次出现爆裂，此阶段被称为第二爆。第二爆的声音较第一爆更轻微且密集。咖啡豆一旦烘焙到第二爆，柠檬酸、苹果酸与绿原酸等有机酸和部分风味物质就会因过度受热而分解，内部的油脂也更容易被带到豆表，油脂的溢出使咖啡豆表面变得光滑。此时，美拉德反应和焦糖化反应已经进行到最终阶段，类黑精增加，焦糖色素也不断积累，因而咖啡豆会呈现出深褐色甚至黑色。绿原酸内酯会分解形成焦苦味更重的苯基林丹。咖啡的酸味和香气下降，苦味进一步增加，同时产生另一种新的风味，通常被称为"烘焙味"。由于这种风味来自炭化或焦化的作用，而非咖啡豆内部固有的风味成分，因此烘焙味不会因为豆子种类不同而不同。第二爆阶段还可能出现巧克力味、烟草味等特殊风味。第二爆阶段的火力宜小不宜大，否则非常容易导致咖啡豆干馏过度。

🌶 第六阶段：冷却

烘焙完成后，咖啡豆需要立即离开热源，以防止芳香物质损失和烘焙程度的继续加深。咖啡豆需要在常温下通风冷却，一般要求在 3 分钟内完成冷却。

二、烘焙程度

烘焙咖啡的特征性香气是由生咖啡中的前体物质在加热过程中产生的。生咖啡的挥发性香气成分决定着焙炒咖啡最终的风味，前驱芳香物的占比不同是阿拉比卡咖啡味道更为香醇的重要原因。Gutmann 等人在 1979 年分析出了生咖啡的 90 种新的挥发香气成分，发现阿拉比卡咖啡的萜烯类化合物含量丰富，呋喃类化合物和吡嗪类化合物含量较少。烘焙程度与咖啡风味有紧密的联系，不同烘焙程度的咖啡具有的味道天差地别。通常来说，随着烘焙程度增加，咖啡酸味会变弱，而苦味则会增强。

烘焙咖啡豆的时间越长、停止烘焙时的温度越高，烘焙程度就越深。颜色是区分不同烘焙度的咖啡豆的重要标准之一，但区分烘焙度不应拘泥于颜色，还应当包括咖啡豆的香气与味道。目前常用的烘焙度，由浅到深可以分为：浅度烘焙（Light Roast）、肉桂式烘焙（Cinnamon Roast）、中度烘焙（Medium Roast）、高度烘焙（Medium high Roast）、城市烘焙（City Roast）、深城市烘焙（Full City Roast）、法式烘焙（French/Dark Roast）、意式烘焙（Italian/Heavy Roast）。美国咖啡烘焙度在浅度烘焙（Light Roast）与肉桂式烘焙（Cinnamon Roast）之间还有新大陆式烘焙（Newland Roast），在深城市烘焙（Full City Roast）与法式烘焙（French/Dark Roast）之间有维也纳烘焙（Viennese Roast）或大陆烘焙（Continental Roast），以及比意式烘焙（Italian Roast）还要深的西班牙烘焙（Spanish Roast）等名称。不同的咖啡生豆需要突出的特质不同，不同烘焙程度的咖啡豆所采用的烘焙模式（如投豆温、各阶段火力、风门调整等）和烘焙程度也应该有所区别。如果只是简单地用深度烘焙前半段的烘焙模式来进行浅度烘焙，则很可能出现咖啡豆夹生等现象。

❂ 浅度烘焙

浅度烘焙的烘焙度包括浅度烘焙、肉桂烘焙，前者一般在一爆密集时停止，后者则是在一爆尾期结束。浅度烘焙更能突出咖啡豆的特色，凸显地域之味以及不同的咖啡生豆处理方法所带来的风味，具有多层次的花果香，酸质明亮，透明度佳。该阶段的咖啡豆颜色呈淡黄色。

在浅度烘焙时，绿原酸含量还剩余约50%，葫芦巴碱也有较多剩余，因此浅度烘焙的咖啡豆涩味相对较重；加之焦糖化反应和美拉德反应的时间不长，整体风味的发展欠佳，苦味较浅。在烘焙过程中，咖啡中的多糖会受热分解成有机酸，如甲酸、乙酸、柠檬酸和苹果酸等，使咖啡产生辛辣感和酸味。这些有机酸在轻度至中度烘焙时浓度达到最高值，但由于其他风味发展不足，因此浅度烘焙的咖啡更酸。

浅度烘焙对于咖啡生豆的品质要求比较高，绿原酸含量高、整体花香果香味不足的咖啡生豆以及陈年豆并不适合进行浅度烘焙，否则会放大咖啡豆本身的瑕疵，比如浅度烘焙的陈年豆会有木质的劣味。如果烘焙不当，就算是高品质的咖啡豆也可能会充满尖酸和涩感。独具特色的北欧烘焙使用烈火轻焙的方式，初期大火再转小火、锁热性佳，提供更多的高效率对流热效应，使咖啡拥有成熟水果丰美的酸甜韵味以及焦糖味浓郁的厚实口感。

🌱 中度烘焙

中度烘焙的烘焙度通常包括中度烘焙、高度烘焙和城市烘焙。一般来说，中度烘焙在一爆结束时出豆，高度烘焙在一爆后的沉寂期出豆，而城市烘焙则在刚刚接触第二爆时出豆。随着烘焙程度的加深，咖啡豆的颜色也会从栗色转为较深的棕色。

咖啡风味中的果香味、花香、青草味和奶油味大部分来源于斯特勒克降解反应（Strecker）和美拉德反应生成的醛类和酮类物质。由于这类物质具有羰基结构，性质较为活泼，在高温条件下容易与其他物质发生反应，持续不断地升温反而可能会使得醛类和酮类物质含量下降。因此在中度烘焙的加热条件下，这两类物质含量最高。在烘焙过程中，含羟基的氨基酸（如丝氨酸和苏氨酸）受热分解会形成烷基吡嗪。同时，美拉德反应也会产生吡嗪和烷基吡嗪。此外，斯特勒克降解反应生成的氨基酮物质会变成二氢吡嗪，随后被氧化成为相应的烷基吡嗪。有研究显示，在205℃时，吡嗪及几种烷基吡嗪的含量达到最大，之后随着温度升高而下降。吡嗪是重要的香气物质，可以使咖啡拥有烘烤和焦糊味、辛辣味、坚果味、青草香、焦糖味、土味等多重风味。随着各类化学反应的进行，中度烘焙的咖啡释放的芳香气体识别度很高，酸香中夹杂着烘烤坚果、香气、奶油等气息，苦味和甜味也慢慢浮现出来，拥有酸甘苦最平衡的滋味，有人称其为"全风味烘焙"。其中高度烘焙还是精品咖啡协会（SCA）建议的杯测样品烘焙程度。

深度烘焙

深度烘焙的烘焙度包括深城市烘焙、法式烘焙和意式烘焙。深城市烘焙结束于第二爆密集时，法式烘焙结束于第二爆尾期，意式烘焙则会持续到二爆结束。深度烘焙的咖啡豆颜色接近黑色，表面会泛出油脂，变得光亮。因此，深度烘焙的咖啡豆具有油润厚实的体脂感，煮出来的咖啡黏稠度较高，口感圆润。但深度烘焙的咖啡豆表面油脂很容易氧化产生酸败味，保质期较短。

深度烘焙时，咖啡中约 80% 的绿原酸和大部分有机酸分解，酸味下降。咖啡烘焙过程中产生的烷基吡啶具有烘烤和焦糊味，而酰基吡啶具有饼干风味。咖啡中的吡咯含量也是随着烘焙程度的加深而上升，这类物质使咖啡具有坚果香和烘烤味，咖啡的苦味会变强烈，甜味、酸味减弱，层次明晰，醇厚度更高。此外，深度烘焙咖啡的另一个特点是具有浓郁的烟熏味，这是因为绿原酸受热分解形成阿魏酸，而阿魏酸脱羧基后会形成具有丁香味和香辛料气味的 4- 乙烯基愈创木酚，4- 乙烯基愈创木酚在加热条件下进一步发生氧化反应，形成的愈创木酚具有塑料味和烟熏味。

人们往往认为深度烘焙对豆子品质和烘焙实力要求低，这是不正确的观念。的确，深度烘焙可以掩盖一些低品质咖啡豆的缺陷，确实有相当一部分商家选择用低价钱购买咖啡豆，再进行深焙，使人们误认为深焙豆的味道就是焦苦、呛嗓子。实则不然，深度烘焙宛如武术大家游走于钢丝之上，稍有不慎，咖啡豆就会变成碳，与美味无缘。深度烘焙的最大优势在于处理大批量咖啡时的一致性，成功的深烘咖啡豆干净而无焦苦味，保留水果香和花香，煮出的咖啡浓而不苦、甘甜润喉、余韵持久。

⟩○ 第四节 ○⟨
产区

海拔与微气候对咖啡的风味特征起到关键作用。来自不同产地的咖啡在气味与口感上往往具有非常明显的差异，即使新手也能够辨别，咖啡的狂热爱好者们更是说得头头是道：埃塞尔比亚咖啡带着野性十足的果香，气息精妙，给人十足的惊喜；肯尼亚产的咖啡隐有酒香，口感宽厚、饱满，带有浆果和柑橘的香气；卢旺达咖啡精致、浓郁；津巴布韦咖啡口感均衡，香气更醇美，带有巧克力、焦糖和柠檬的味道；刚果产的咖啡甜美、质朴，前后调分明；布隆迪咖啡则有明快的酸味，口感有时不够均衡；哥斯达黎加咖啡气息明快，富有果味；萨尔瓦多产的咖啡香甜、均衡；危地马拉产的咖啡味道强健、大胆，与其他产区的咖啡相比，具有更加精妙细微的口味差别；洪都拉斯的咖啡富有独特的焦糖口感，但需要仔细品尝才能发觉；墨西哥咖啡清淡、香甜、清爽；尼加拉瓜咖啡的口感则爽脆得多，仿佛入口清脆的水果；巴拿马咖啡的口感丰富多变，往往给人意想不到的感受；云南咖啡酸味清爽，口感圆润平衡，馥郁顺滑，草本风味明确、带有烟熏的花香和巧克力风情。

一、拉丁美洲

按产量计算，拉丁美洲产区出产了世界上大部分的阿拉比卡咖啡，高品质且风味多样化。拉丁美洲产区主要包括中美洲和南美洲，以及墨西哥、加勒比海、牙买加和波多黎各的咖啡种植区。拉丁美洲咖啡往往有可可或坚果般均衡的风味，而且具有清新舒爽的酸度。这个产区中主要的出产国包括：玻利维亚、巴西、哥伦比亚、哥斯达黎加、古巴、多米尼加、厄瓜多尔、萨尔瓦多、危地马拉、海地、洪都拉斯、牙买加、墨西哥、尼加拉瓜、巴拉圭、秘鲁、波多黎各、委内瑞拉等。其中，巴西名列第一、哥伦比亚位居第三、危地马拉、墨西哥、洪都拉斯、秘鲁等六个国家排名在世界十大咖啡出产国中。

🌰 巴西（Brazil）：一切始于浪漫的第一咖啡大国

巴西种植阿拉比卡咖啡，也种植罗布斯塔咖啡，连续 150多年雄霸咖啡龙头国的地位，是全球最先进也最工业化的咖啡主产国。巴西的咖啡种植始于 1727 年法属圭亚那总督夫人与一表人才的陆军军官帕西塔坠入爱河的信物：一袋波旁咖啡的种子。帕西塔首先在巴西西北部的帕拉省（Pará）种咖啡，并从这里开始，逐渐向东、向南蔓延，200 多年来已经发展为斜跨巴西西北、东南的一整片种植带，约 30 万个种植园。巴西成为世界上最大的咖啡出产国已超过 150 年，巴西的咖啡庄园通常比其他国家的大型农场更大，特别是南部的丘陵地带，非常适合开设大面积的农场。在咖啡种植规模上没有任何一个国家能与巴西相提并论。但是，巴西人却并不十分重视咖啡的种植质量，大多数农场都采用相当粗劣的手法进行采收和加工。

作为全球第一的咖啡强国，巴西的咖啡科研称冠全球，当今 90% 的阿拉比卡改良品种诞生于巴西的农学研究所（Campinas Institute of Agronomy，IAC），巴西咖啡研究发展协会（Brazilian Coffee Research Development Consortium）结合了 40 个研究单位，于 2004 年着手进行"咖啡染色体计划"，已从咖啡基因银行的样品中辨认出 3 万个对于干旱与病虫害有抗力的基因。

较佳的巴西咖啡通常带着低酸度，醇厚且口感甜美，一般会呈现巧克力与坚果气息。

🌱 哥伦比亚（Colombia）：受上帝眷顾的气候受害者

咖啡随着新大陆航线通过海上进入哥伦比亚，关于咖啡传入哥伦比亚的历史记载非常复杂，出现了从 16 世纪直到 19 世纪初期的多个版本，早期种植历史可以追溯到 16 世纪的西班牙殖民时代。其中，流传最广的、最早的文字记录出现于西班牙传教士 Jose Gumilla 的名为 "The Illustrated Orinoca" 的书中，Jose Gumilla 在记述其 1730 年在 Meta 河两岸传教时的见闻中提到了当地的咖啡种植园。另有记载则表示，直到 18 世纪末或 19 世纪初，传教士们才把咖啡传播到了哥伦比亚境内的各个主产区，19 世纪末才真正开始获得举足轻重的地位。这些传说至少说明了一个问题，哥伦比亚的咖啡传入途径不止一条，而哥伦比亚不同产区的咖啡风味大相径庭也恰好印证了这一点。

哥伦比亚有着适合咖啡生存的得天独厚的低纬度高海拔，成就了其世界第三产量国、第二阿拉比卡生产国的地位。依偎于安第斯山脉北端（赤道以北 4 个纬度）的哥伦比亚拥有众多火山，火山喷发形成的火山灰土壤中含有丰富的矿物质滋润了土壤，并创造了最适合高品质咖啡种植的土壤类型。伴随海拔和地理位置的改变，整个山脉的气候呈现出非常复杂的多样性，从山谷中的温暖潮润一直提升到火山顶的寒冷多雪，适合咖啡种植的微气候群贯穿于数个种植区域中，微环境的多样性塑造了哥伦比亚咖啡丰富多彩的独特风味，有的浓郁如可可，有的宛如果酱般甜美，不同产区之间存在着极大差异。

历史上，由于病虫害和天灾等原因，哥伦比亚咖啡数度减产，成为标准的"靠天吃饭"。这一局面直到 2012 年产季后，抵抗叶锈病的新品种卡斯蒂洛（Castillo）大量顺利转换才开始好转。但咖农对卡斯蒂洛的种植意愿仍然不高，对其风味表现也是充满疑虑。今日的哥伦比亚咖啡，颗粒依然硕大，但风味已大不如昔，一般认为与铁毕卡品种被杂交的哥伦比亚品种取代有关。哥伦比亚，既是上帝眷顾的咖啡乐园，也是咖啡种质资源狭窄的最大受害者。他正在用自身的经历为咖啡资源的可持续发展上演着一段段风云变幻的悲喜剧。

🦴 哥斯达黎加（Coasta Rica）

哥伦布在 1502 年为这片土地取名为哥斯达黎加（"富饶的海岸"）。哥斯达黎加是人间天堂，是旅行中美洲必到的大自然目的地，拥有大量的国家公园和生物保护区以及无尽的热带荒野。当地人喜好明亮的色彩，善良快乐的人们以笑声和海滨城镇的诱惑点缀着加勒比海、太平洋、火山。在波光粼粼的河流的映衬下，木制牛车的车轮缓缓碾过砾石路，一切那么井然有序，仿佛缓慢踱步在壮美的沙滩。整个哥斯达黎加境内拥有 4 个山脉和 112 个火山口，丰富的土壤、温和的气候条件以及多个生物保护区和无尽的热带雨林，使这里成为理想的咖啡种植乐土。哥斯达黎加拥有种植和加工世界上最美味咖啡的适宜条件，多样的微气候使得相对较小面积的地区也能呈现出独特的风味。

哥斯达黎加在 1821 年脱离西班牙统治时，约有 17000 棵咖啡树，自治政府将咖啡种子免费发给农民，鼓励种植咖啡。由于政府的坚定推进，他们种植的多样化和始终如一的高品质使得哥斯达黎加咖啡成为咖啡世界中极其重要的成员。稳定的气候和高海拔，再加活火山土壤助力，完美的种植条件使哥斯达黎加咖啡拥有很好的酸度和香料味、花瓣味及坚果味等各色平衡的口味。

🦴 危地马拉（Guatemala）

1750 年，咖啡通过耶稣会的牧师传入危地马拉。"危地马拉"在玛雅托尔特克人的语言中意指"森林茂密的土地"。毫无意外，危地马拉也拥有全世界种植咖啡最佳的一些条件：高海拔、温和的气候、夜晚凉爽的温度、充足的阳光，以及周期性的雨季和旱季，一切都是确保咖啡品质的重要因素。众多的活火山和富含矿物质的土壤对确保危地马拉生产出全世界一些最优质咖啡的有着巨大贡献。

二、非洲

作为一些全世界最奇特咖啡的故乡，非洲地区生产的许多咖啡都树立了高品质的标准，当我们品尝这些特殊的咖啡时，开阔的天空和非洲草原的景色，不由引发人们无尽的遐想。非洲产区主要出产国包括：安哥拉、布隆迪、喀麦隆、刚果、埃塞俄比亚、加纳、几内亚、肯尼亚、马达加斯加、尼日利亚、卢旺达、坦桑尼亚、乌干达、也门、赞比亚以及津巴布韦等，非洲咖啡为全世界的老饕们带来了浓厚的异域风情。

⚭ 埃塞俄比亚（Ethiopia）

说到非洲咖啡，埃塞俄比亚是不可越过的话题。埃塞俄比亚咖啡的主要特征可以从大自然中找到提示：具有独特的芳香风味和水果气息。通常最佳的水洗咖啡可以表现出优雅、复杂而美味的气息，而最佳的日晒处理咖啡则会呈现出奔放的果香与不寻常的迷人风味。用不同的加工方式对待埃塞俄比亚咖啡就会带来非同一般的饮用感受，樱桃与红莓的香气，茉莉花与甜柠檬、薰衣草的风味，柑橘、花香到糖渍水果甚至热带水果气息……多变而复杂。来自埃塞俄比亚每一个庄园的咖啡都会用与众不同的花朵与热带水果的香气体验征服每个饮用者的味蕾，进而绽放在他们的心中。而这一点，要归因于它们与典型的拉丁美洲咖啡完全不同的风味。

从 17 世纪开始，特别是 20 世纪 50 年代扩大种植以来，埃塞俄比亚逐渐形成了森林咖啡、半森林咖啡、田园咖啡和农场咖啡四大栽培系统，西达莫（Sidamo）、耶加雪菲（Yirgacheffe）、哈拉（Harrar）、林姆（Limu）、金玛（Jima）、铁比（Teppi）、贝贝卡（Bebeka）等著名产区。埃塞俄比亚的农业专家们用野生与人工混种的栽培方式，逐步培育出高产能、高质量的阿拉比卡种内杂交咖啡树，不但对抗叶锈病和病虫害的能力增强，而且咖啡产量不断提升，也顺便赋予了咖啡浓郁的花果香。埃塞俄比亚的优质种植园不断涌现，咖啡产量居全球第五，而该国的咖啡和茶叶管理局正在致力于在 2024 年前将咖啡产量提升至 120 万 ~180 万吨。野生与人工混种的栽培方式在埃塞俄比亚的实践，帮助人类在咖啡基因改良上走出了重要的一步。

传说埃塞俄比亚是人类首次遇到咖啡魔法的地方。如今，埃塞俄比亚的咖啡传统仍然是文化的核心。喝咖啡已经成为埃塞俄比亚人数世纪以来生活的一部分。精心设计的咖啡仪式（包括烘焙、研磨和煮制咖啡）在今天仍是社会生活的支柱。咖啡豆盛在一个金属盘中，置于热煤炭上精心烘焙；水在一个被称为 jabena 的陶制咖啡壶中加热；烘焙后，使用类似杵的简单工具研磨咖啡豆，然后进行煮制；整个仪式持续一个多小时，数份咖啡盛在一个个小小的手绘杯中供大家享用。哈拉尔、耶加雪菲和持续供应的西达摩咖啡所绽放的奔放花香与果香，带有花香和柑橘风味的水洗咖啡，以及红茶、胡椒香料般的口感混合了相得益彰的享受，这些品鉴会上的焦点，即使专业人员也往往大开眼界。高的海拔、古老的树和埃塞俄比亚人对咖啡的崇敬都促成了这种独一无二享受。

☕ 肯尼亚（Kenya）

肯尼亚的咖啡产业发展相对较晚，最早关于咖啡进口的文献是 1893 年法国传教士自留尼旺岛带入波旁种咖啡树的记载，肯尼亚在 1896 年收获了第一批咖啡豆。肯尼亚山是东非大裂谷最大的死火山，拥有非洲第二高峰，山脉周围的土地和肯尼亚的高海拔丘陵上点缀着种植有 3 米高咖啡树的农场。肯尼亚山和首都城市内罗毕之间的地带种植着一些世界上最好的咖啡，占肯亚年咖啡收成的 85% 或更多；其余的咖啡种植在肯尼亚西部、东非大裂谷和锡卡地区。

肯尼亚咖啡以清爽而复杂的莓果和水果味著称，同时带着甜美的气息和密实的酸度，特色鲜明、丰富的层次以及适宜的加工方式，使其成为世界上最好和最受欢迎的咖啡之一。

☕ 卢旺达（Rwanda）

卢旺达是位于非洲中心的一个内陆小国。通常情况下，埃塞俄比亚和肯尼亚主导了我们对非洲咖啡的认知，但有一部分的东非裂谷贯穿卢旺达的中西部地区，在热带高原环境中错落着许多湖泊以及与大地截然不同的深红色土壤，为生长卓越咖啡提供了必需的海拔和条件。

咖啡由德国传教士于 1904 年带入卢旺达，当时该地区为德属东非殖民地。不过直到 1917 年，卢旺达的咖啡产量才大到足以外销。第一次世界大战后，卢旺达被国际联盟划为委任统治地，委托比利时管理，因此一直以来卢旺达的咖啡都外销到比利时。

来自卢旺达的优质咖啡多半带着新鲜果香，让人联想起红苹果与红葡萄。莓果味与花香也十分常见。

🌑 布隆迪（Burundi）

相比前几国，布隆迪的咖啡显得有些小众，于 20 世纪 20 年代在比利时殖民时期来到布隆迪。1933 年起，政府规定每名农民必须照料至少 50 棵咖啡树；1962 年布隆迪独立时，咖啡的生产开始转为私营；到了 1972 年随着政局转变又转成国营；1991 年起则又逐渐回到私人手中。

来自布隆迪的优质咖啡会带着复杂的莓果味以及鲜美如果汁般的口感。

三、亚洲及太平洋地区

亚洲及太平洋地区的咖啡产区包括印度尼西亚群岛、东帝汶、南亚和巴布亚新几内亚等。这个庞大的区域带跨越了多种气候条件和地形，可以找到一些世界上最与众不同的咖啡。该地区绝大多数使用特有的"半水洗"法加工咖啡，以醇度浓郁和香料风味闻名于世，具有温和的酸度和草药特征。主要的咖啡产国和地区包括：印度尼西亚、中国云南、巴布亚新几内亚、菲律宾、印度、斯里兰卡、泰国、东帝汶、越南、夏威夷等。

☕ 印度尼西亚（Indonesia）：浴火重生的涅槃

印度尼西亚是当今世界排名第四的咖啡生产国，拥有数千个岛屿和 300 多座火山，完美的斜坡地貌、温和的气候以及凉爽的夜晚为孕育高品质咖啡塑造了有利条件。苏门答腊、爪哇、苏拉威西和巴厘岛咖啡都产自于印度尼西亚。然而咖啡在印度尼西亚落地生根并非一帆风顺，咖啡种植的首次尝试便遭受挫折。1696 年，雅加达总督收到印度马拉巴荷兰总督所赠予的咖啡树苗，不料种植后却在一场洪水中丧失殆尽，幸亏第二批树苗在 1699 年送达，否则印度尼西亚的咖啡种植史很可能要改写。

印度尼西亚人民在与咖啡叶锈病斗争的历史中留下了一笔笔浓重的色彩。1876 年，在不得不铲除大量咖啡树后，深受叶锈病伤害的印尼人开始尝试改种利比里卡，之后又不得不改种罗布斯塔。直至今日，印度尼西亚的咖啡种植园中仍然广泛种植罗布斯塔，由于家庭农场式的种植模式，很多印尼咖啡农也习惯于将这种高大的咖啡树用作遮阴树，而且习惯饮用这种便宜又"劲儿大"的咖啡，在满足需求的同时不影响自家收入。

印尼的咖啡种质改良和本土化为咖啡的遗传多样性带来了新的思路与方法。印尼的种植者大多只拥有 1~2 公顷的土地，如何保持咖啡质量的稳定是个难题。这也是星巴克发展印尼咖啡最致力的工作，通过在当地建设种植者之家、建立研究机构、资助研究人员等形式进行咖啡品种改良、基因储备来保护咖啡资源；并通过建立种植者之家和农民组织合作等方式为咖啡种植者和产业链的各个环节提供广泛的指导和切实的咖啡质量提升服务。苏门答腊咖啡业最著名的苏瑞普博士（Dr. Surip）培育出的多个铁毕卡和罗布斯塔杂交后代具有高抗病、高产的特点，非常适合在高海拔的印尼本土扩大种植，他最新研究出的两个短育苗期品种也在亚齐和东帝汶开始种植。

🔘 巴布亚新几内亚（Papua New Guinea）

巴布亚新几内亚位于太平洋西南部、印尼群岛东方，坐落在环太平洋火山带上，地势以高地为主，属火山地质，其肥沃的土壤是孕育好咖啡的重要天然条件。巴布亚新几内亚主要分为四个产区，包括东部高地（Eastern Highlands）、莫马塞（Momase）、新几内亚岛（New Guinea Islands）、南部高地（Southern Highlands）。大型庄园、农场和小农栽植的模式并存，种植多款咖啡品种。

巴布亚新几内亚咖啡是在 18 世纪晚期由荷兰水手首度引进，于 1892 年在里哥（Rigo）区域繁衍，时至今日，巴布亚新几内亚的咖啡年产量已可达 90~120 万袋。咖啡对巴布亚新几内亚非常重要，因为它是高地地区唯一的经济作物，当地小型家庭式农场仰赖咖啡豆作为首要的生计来源。

有别于邻国印度尼西亚，巴布亚新几内亚咖啡依托当地的火山岩土壤和丰富的雨林环境，形成明亮、酸甜、花果香的气味，与中南美洲风味相似。相较于其他亚洲区如印度尼西亚、南亚印度或太平洋岛屿的咖啡，多半以半水洗（湿剥除处理）的印尼豆（苏门答腊、苏拉威西）所表现的低酸度、醇厚质感和土壤调性，水洗处理的巴布亚新几内亚咖啡豆口感明亮。

越南（Vietnam）：咖啡种植史上的另类存在

越南的咖啡产量居世界第二，但其主要种植罗布斯塔咖啡（robusta），在世界咖啡版图上有着完全不同的贡献。咖啡在 1867 年由法国人带入越南，从最初的种植园式开始发展，到 1910 年开始达到商业规模，1986 年以后，越南凭借罗布斯塔咖啡巨大的产量对全球咖啡市场产生了重要影响，跃升至全球咖啡产量第二并保持至今。

罗布斯塔咖啡的优势在于对病虫害的抵抗力和其旺盛的生命力与产量。遗传优势虽然没有赋予越南咖啡高品质与好风味，但确实将罗布斯塔与自然界相处的本领充分发挥，显示了高抗、高耐的优势，并且为工业咖啡的生产打下了良好的产量基础。

不过，越南人培育阿拉比卡咖啡的历史也有数百年之久，19 世纪 80 年代，法国人第一次将波旁（bourbon）和铁毕卡（typica）引入越南林同的山区。近些年来，越南出产的阿拉比卡咖啡豆在品质上有了很大提升，也受到越来越多的认可。

中国云南（Yun Nan China）：后至者的奋发图强

中国云南省的西部和南部地处北纬 15° 至北回归线之间，

大部分地区海拔在 1000~2000 米，地形以山地、坡地为主，且起伏较大、土壤肥沃、日照充足、雨量丰富、昼夜温差大，这些独特的自然条件形成了云南阿拉比卡咖啡风味的特殊性：浓而不苦，香而不烈，略带果味。

云南咖啡大规模种植是在 20 世纪 50 年代中期，种植规模一度达 4000 公顷。至 1997 年末，全省咖啡种植面积已达 7800 公顷。至 2021 年云南省咖啡种植面积、产量、农业产值均占全国的 98% 以上。宜种植区分布在云南南部和西南部的普洱、临沧、佛山、德宏、西双版纳、文山等地区。无论是从种植面积还是咖啡豆产量来看，云南咖啡已确立了在中国国内的主导地位。

第五节

品种

我们为什么要关注阿拉比卡咖啡的品种，原因有二。

其一，阿拉比卡咖啡的繁殖主要是通过自花受粉，偶尔才可能通过媒介异花授粉，占有高度优势的自花受粉导致了阿拉比卡咖啡高度的近亲繁殖。目前全世界种植的供人们饮用的小粒种阿拉比卡咖啡豆，几乎都来源于 14 世纪时埃塞俄比亚的同一颗咖啡树，血统很相近，遗传多样性基础非常薄弱，而遗传多样性是生物多样性的基础，过度的近亲繁殖会造成物种弱化，植株会更容易受到气候变化的影响，只要有一种疾病攻击了一株咖啡树，就有可能成功攻击全世界所有的咖啡树。理论上，未来的某一天，阿拉比卡咖啡可能会绝种。科学家和园艺师们正在为防止那一天的到来而积极努力着，他们最关键的任务，就是实现基因的更好结合或发现更多的基因品种。

　　其二，种植者、烘焙师、咖啡师和消费者，这些与咖啡相关的不同角色会不同程度地关注产地、烘焙程度和加工处理方法，然而这些因素都与咖啡品种相关。对种植者而言，不同品种的咖啡树有着不同的适宜种植的海拔和气候条件，收成与植株的抗寒、抗病能力直接相关，种植过程中的每个决定都对咖啡的整体风味和能否获得最佳收益直接挂钩。对于烘焙师来说，咖啡品种与烘焙方式紧密相联，烘焙过程中热量在整个咖啡豆中的传输方式至关重要，而不同品种的咖啡豆尺寸不尽相同，象豆（Maragogype）是著名的巨型咖啡豆，而摩卡（Mokka）则是小型豆的代表，烘焙综合咖啡时，品种因素尤其重要。对于咖啡师来说，咖啡品种也是冲煮方式的决定因素之一，在选择适用的冲煮器具、温度、水流和控制时间时，咖啡品种是重要的考虑因素。最后，作为一名只求摄入咖啡因的消费者，您可能真的不关心咖啡品种，不过，但凡有点口味上的追求，就需要见仁见智地讨论品种了，更不要说作为一名资深消费者了。

　　正如酿酒葡萄品种的梅洛或霞多丽，咖啡也有瑰夏、波旁亦或铁毕卡，现在，让我们快速浏览一些值得关注的阿拉比卡咖啡品种吧。

一、铁毕卡品系

作为埃塞俄比亚最古老的原生品种，铁毕卡（Typica）有几个世纪的历史，是最原始的和最重要的阿拉比卡咖啡品种，豆粒较大，呈尖椭圆或瘦尖状，并且演变出许多其他品种。可以说，所有阿拉比卡咖啡皆衍生自铁毕卡。铁毕卡多在中美洲、牙买加和亚洲种植，低产量、高质量，容易受到叶锈病和虫害的侵袭，其风味具有干净和平衡甘甜的酸度。

🖋 蓝山（Blue Mountain）

18 世纪 20 年代，从马提尼克岛移植至牙买加蓝山，经过200 多年，蓝山铁毕卡进化出较佳的抗病力，尤其对于烂果病的抵抗力优于一般铁毕卡。不过，蓝山铁毕卡一旦跨出牙买加，就无法复制出其清甜幽香的特质，这一特征充分说明了土壤和微环境对咖啡种植的重要性。

🖋 象豆（Maragogype）

豆子体积比一般阿拉比卡至少大三倍，是世界咖啡豆体型之最，乃铁毕卡的变种。1870 年最先在巴西东北部的玛拉哥吉培产区发现，适合种植在低海拔 700~800 米范围内，风味乏陈、毫无特色，甚至有土腥味。

🖋 科纳（Kona）

美国咖啡始祖，1825 年种植在夏威夷西南海岸的科纳岛

的火山岩土质中。科纳酸度适中，有轻微的葡萄酒香，具有非常丰富的口感。

二、瑰夏

瑰夏（Geisha），它的植株适合于高海拔，海拔 1400 米以上最有利于其生长，产量低却可以形成精致优雅的口味。瑰夏起源于埃塞俄比亚的瑰夏山谷，是铁毕卡的近亲，直到 2003 年在巴拿马才真正进入人们的视野。自那以后，巴拿马瑰夏逐渐成为业内最著名的咖啡品种之一，屡次打破生豆拍卖价格的记录，遗憾的是由于不兼容的气候和土壤条件限制，大部分种植于巴拿马以外的瑰夏都不能很好存活。瑰夏具有独一无二的风味特征，具有犹如茉莉花茶般的香气，香橙花和佛手柑的风味，以及微妙的花香。随着瑰夏成为咖啡冠军赛使用率最高的咖啡品种，巴拿马瑰夏已成为最佳咖啡的代名词，声名远扬，没有之一。

三、波旁品系

⬤ 波旁（Bourbon）

1715 年法国移植也门的摩卡圆身豆到非洲东岸的波旁岛（今留尼旺岛）后，将其按种植地命名为"波旁"，布隆迪、卢旺达和整个拉丁美洲区域都有种植。波旁是铁毕卡的自然突变品种，与铁毕卡同为最接近原生阿拉比卡咖啡的品种，是高品质、中等产量咖啡的代表。波旁对叶锈病、咖啡浆果螟虫和其他疾病虫害的抵抗力很低，需要更多的维护、更加精心的修剪和施肥。波旁与铁毕卡在豆型上有明显区别，主要以圆身豆为主，果实产量比铁毕卡略多，凭借优质甘甜的口味而闻名。波旁咖啡的口味特征奇妙而复杂，风味令人愉悦，以至于它们常常被比作法国的勃艮第葡萄酒，令人回味无穷。

肯尼亚（波旁嫡系）（KenyaSL28 和 SL34）

20 世纪初，法国、英国传教士和研究人员在肯尼亚筛选培育出来的波旁嫡系“SL28”和“SL34”，顶级的肯尼亚豆都是出自这两个品种。依托当地特殊的高浓度磷酸土壤，孕育出特殊的酸香物，移植到其他大陆则会丢失肯尼亚特有的风味。

卡杜拉（Caturra）

卡杜拉是波旁品种的自然变异品种，适应能力强，可种植于海拔 700~1700 米，但高海拔种植会有所减产。卡杜拉是 1915 年至 1918 年间在巴西米纳斯吉拉斯州的一个种植园被发现的，从 1937 年开始，在巴西坎皮纳斯的圣保罗州农业研究所（IAC）进行了筛选，20 世纪 40 年代被引入危地马拉，但 30 年后才在危地马拉实现广泛的商业种植，之后又被引入哥斯达黎加、洪都拉斯和巴拿马，现在已经广泛种植于巴西和拉丁美洲其他地区，卡杜拉在哥伦比亚及中美洲特别受欢迎，巴西也颇为常见。卡杜拉咖啡植株比较强壮，虽然也容易受到叶锈病和害虫的侵袭，但产能与抗病能力均比波旁强，风味不相上下，杯中风味表现也被普遍认可，但产量却能高出很多。卡杜拉是一种矮株树种，其生长周期比其他变种短，但却常因挂果超过枝干负荷能力而导致枝干过度受力甚至枯萎，需要勤奋而良好的咖啡园管理。

卡杜拉的产量、质量与生豆尺寸恰好处于平均水平，可以用于作为咖啡描述用语，所以有了"卡杜拉式"的术语。

✿ 卡蒂姆（Catimor）

卡蒂姆是由卡杜拉和东帝汶混种杂交培育出来的栽培变种，是当前商用豆的主要种植品种。1959 年，葡萄牙人将巴西的波旁变种卡杜拉移植到东帝汶与提摩混血，孕育出卡蒂姆。1970 年到 1990 年间，咖啡叶锈病祸及全球咖啡产地，唯有卡蒂姆没有遭受病害。卡蒂姆抗病力虽强，但也继承了罗布斯塔风味匮乏的特征。

✿ 卡斯蒂洛（Castillo）

2006 年，哥伦比亚预料到叶锈病终将席卷中南美，因此开始大力推广费时十二载培育出的最新一代卡蒂姆，并命名为卡斯蒂洛（Castillo）。卡斯蒂洛至少有 6 个品系，用以适应哥伦比亚不同的海拔、气候与水土，方便了咖农选择栽培。为推广这一品种，2014 至 2015 年哥伦比亚咖啡生产者协会（FNC）联手美国天主教救济会（CRS，Catholic Relief Services）主办了一场长达一年半的大评比，邀请世界咖啡研究院（WCR）评价两大哥伦比亚主力咖啡豆：卡杜拉和卡斯蒂洛。尽管大多数人都不看好卡斯蒂洛，然而盲评结果却让专家们跌破眼镜：20 多位杯测师给出的卡杜拉与卡斯蒂洛的评分竟然不相上下，舆论一时哗然。

经过仔细研究，有科学家提出，影响咖啡味谱的三个要因是基因、栽植环境（海拔、气候）和田间管理，三者缺一不可。但基因的影响力要小于栽植环境与田间管理的交互作用，也就是说，G＜E＋M；或者说，品种的基因无法完全决定咖啡风味的好坏，尚需搭载良好的栽植环境和田间管理。

🕭 帕卡斯（Pacas）

帕卡斯是在萨尔瓦多发现的波旁变种。1935年萨尔瓦多咖啡农帕卡斯将筛选过的圣雷蒙波旁植入庄园，1956年，帕卡斯的朋友发现少数几株咖啡树产量高于大多咖啡树，便请来佛罗里达大学教授格威尔前来鉴定，确定为波旁基因突变，于是用帕卡斯的名字来命名了这种咖啡。帕卡斯产量高，品质佳，在中美洲很受欢迎。

四、混种

🕭 东帝汶混种（Timor Hybrid）

东帝汶混种是具有争议的咖啡品种，因为它是阿拉比卡种和罗布斯塔种自然杂交的混种咖啡。罗布斯塔是一个更健康的咖啡品种，它提供了更强的抗寒和抗咖啡叶锈病的能力，作为交换，其整体风味和香气吸引力明显降低。东帝汶混种被应用在很多的人工变种培育中，特别是卡蒂姆（Catimor）和莎奇姆（Sarchimor）两个品种的咖啡，类似品种还包括卡斯蒂洛（Castillo）、哥伦比亚（Colombia）以及玛莎耶萨（Marsellesa）。

新世界（Mundo Novo）

新世界是波旁与苏门答腊铁毕卡的自然混血品种，叶尖绿色或青铜色，最早于 1943 年在巴西发现，被誉为巴西咖啡业的新希望，因此得名为"新世界"。该品种在巴西、秘鲁以及其他南美国家具有广泛的商业价值，但在中美洲很少使用。作为一个传统的美洲品种，新世界的特点是植株很高，生命力强和产量高，但成熟较晚。

卡杜艾（Catuai）

卡杜艾是 20 世纪 50 至 60 年代，由巴西的农艺研究机构坎皮纳斯农学研究院（Instituto Agronomico do Campinas）栽培的卡杜拉及蒙多诺沃的混血品种，主要是想兼具卡杜拉的"侏儒"基因与蒙多诺沃的高产量和抗病性。卡杜艾更为强壮，且产量较高，产出的咖啡豆比其他变种要小。结出的果实扎实，遇强风也不怕吹落，弥补了阿拉比卡果弱不禁风的缺陷，也继承了卡杜拉平均水平的产量、质量和生豆尺寸，对于叶锈病和害虫的敏感，以及矮小的植株等许多相同的特征。卡杜艾与卡杜拉一样，都有红色及黄色果皮。红果卡杜艾常得奖，与黄波旁、新世界、红波旁并列为巴西咖啡四大主力品种。

◗ 帕卡马拉（Pacamara）

帕卡马拉是 1957 年到 1958 年间，由萨尔瓦多咖啡研究会配出的优良品种，是铁毕卡变种象豆与波旁变种帕卡斯的杂交品种，血统较为复杂。近两年该品种红透全球精品咖啡界，曾经拿下 2007 年危地马拉与洪都拉斯超凡杯双料冠军。

◗ F1 混种

F1 混种是新一代的咖啡品种，具有成为高质量、抗叶锈病、高产量品种的潜力，通常都是在先进的苗圃中批量生产的。在近年的尼加拉瓜卓越杯获得成功的"中美洲（Centroamericano）"是著名的 F1 混种。但是，使用 F1 混种的种子发育的下一代（即二代混种）不一定拥有与母体同样的高品质，只有通过在组织培育实验室中的大规模繁殖和精细的苗圃育苗才可能保证下代植株的品质。咖啡农不能使用种子直接种植，这意味着 F1 混种的推广具有难度。

五、埃塞俄比亚原生种

虽然英国皇家植物园已经确定了埃塞俄比亚 95% 的咖啡品种遗传家谱，该国出产的大多数阿拉比卡咖啡品种都源自于铁毕卡或波旁品种。然而如果咖啡包装上标注了"埃塞俄比亚原生种（Heirloom）"，则意味着这袋咖啡可能是野生或半野生种植的。

六、"三好"品种

近年来，中美洲包括哥斯达黎加咖啡工业公司（ICAFE）、萨尔瓦多咖啡研究基金会（PROCAFE）、危地马拉咖啡协会（ANACAFE）、洪都拉斯咖啡协会（IHCAFE）、尼加拉瓜农牧科技署（INTA）等在内的新品种培育机构，在世界咖啡研究院、美国国际开发署、法国国际农业发展中心三家的协助下推出了几款"三好"品种，即产量丰、抗病力强、杯品优的强势新品种。

🟤 卡蒂姆 / 莎奇姆（Catimor/Sarchimor）进化版

（1）帕莱伊内玛（Parainema）：选拔自 T5296，洪都拉斯咖啡协会（IHCAFE）培育；杯品近似卡杜拉（Caturra）。

（2）奥巴塔罗霍（Obata Rojo）：帝姆（Timor832）×维拉萨奇（Villa Sarchi CIFC971/10），从巴西引进哥斯达黎加；杯品近似卡杜拉。

（3）马塞尔萨（Marsellesa）：帝姆（Timor832）×维拉萨奇（Villa Sarchi CIFC971/10），豆粒大于奥巴塔罗霍，由法国国际农业研究中心（CIRAD）培育；杯品近似卡杜拉。

🟤 埃塞俄比亚 × 卡蒂姆 / 莎奇姆

（1）中美洲（Centroamericano H1）：T5296 × 汝媚苏丹（Rume Sudan），中美洲产国联合培育的秘密武器，亲缘之一是美味的汝媚苏丹，抗锈病且对炭疽病（CBD, coffee berry disease）有抗力。

（2）蒙多玛雅（Mundo Maya EC16）：T5296 × 埃塞俄比亚（Ethiopia "ET01"），这也是美味品种，对锈病和炭疽病有抗力；由法国国际农业研究中心（CIRAD）、热带农业研究和高等教育中心（CATIE），以及中美洲包括哥斯达黎加咖啡工业公司（ICAFE）、洪都拉斯咖啡协会（IHCAFE）等联合培育。

🥥 埃塞俄比亚 × 卡杜拉

（1）木薯（Casiopea）：卡杜拉 × 埃塞俄比亚（Ethiopia "ET41"）野生咖啡，杯品不输瑰夏，但对锈病无抗力，法国农业国际研究中心（CIRAD）与中美诸国联合培育。

（2）H3：卡杜拉 × 埃塞俄比亚（Ethiopia "ET531"），美味品种但对锈病无抗力。法国农业国际研究中心（CIRAD）、热带农业研究和高等教育中心（CATIE）、中美洲包括哥斯达黎加咖啡工业公司（ICAFE）、洪都拉斯咖啡协会（IHCAFE）联合培育。

当然，这里介绍的品种只是咖啡世界中冰山一角，还有很多品种待人们继续探索和了解。

七、咖啡种子的运动轨迹

一些关于阿拉比卡使用和迁移的早期历史记载可以在文献中找到，但是记录最好、最完整的出版物是 Haarer A.E. 的现代咖啡生产（Modern Coffee production，1958）。埃塞俄比亚和南苏丹，这两个国家代表了阿拉比卡咖啡主要的多样性中心（FAO-1964-1966）；也门是第二个扩散中心。至今，咖啡主要分布在热带和亚热带地区，约有 124 种（Davis et al., 2006；Ceja-Navarro et al., 2015）。

咖啡种子走出埃塞俄比亚

14 世纪的某个时间，咖啡种子从埃塞俄比亚西南部的森林流传到也门，直到 15 世纪末，咖啡在这个区域不断扩大种植以满足摩卡和开罗越来越多的咖啡爱好者的需求。

在 1897 年梅内利克二世征服卡法王国之前，埃塞俄比亚西南部的咖啡生物多样性中心被卡法王国控制了几个世纪，而这个地区也一直在被描述为不可逾越的"要塞"。

早期从埃塞俄比亚西南部流出的咖啡种子可能是非常偶然的，或者说，也门的咖啡种植始于一个非常有限的基因来源。

阿拉比卡咖啡从也门走向世界

阿拉比卡咖啡是从也门传播到达了世界各地，而不是从它的主要发源地埃塞俄比亚。咖啡走出也门的运动轨迹包括以下 2 条：

1670 年，有人通过巴巴布丹走私成功一些种子到印度并在当地种植了几个世纪。1696 年和 1699 年，荷兰人把种子从印度带到今天的印度尼西亚。之后，产生了铁毕卡（Typica）品种。再以后，铁毕卡从印度尼西亚传到欧洲，再于 1723 年到达美洲。

1715 年，少量种子到达波旁岛（今留尼旺岛），催生了波旁（Bourbon）品种，并在 19 世纪中叶传到了美洲和东非。

🐧 **咖啡种子重回非洲并形成大汇集（从也门等地传入）**

20 世纪初，包括今天的布隆迪、卢旺达、刚果（金）、肯尼亚、坦桑尼亚和乌干达在内的东非地区开始种植咖啡，并引进了也门、波旁、铁毕卡和印度品种以及很少的、从埃塞俄比亚的旅行者口袋中泄露出来的埃塞俄比亚本土品种的种子，例如瑰夏（Geisha）和汝媚苏丹（Rume Sudan）。东非可以被看作是一个大熔炉，它汇集了也门早期咖啡种植的所有不同品种。

第二章

享用咖啡

第一节
咖啡饮用变迁

一、咖啡豆的演变

上千年来，人类对咖啡的认识不断深入，咖啡的饮用方式也不断发生着变革。"咖啡"一词的演化史，完美诠释了咖啡的传奇贸易与商业史：从最初也门流行的名为"咖许"（qisher）的咖啡的果肉部分制成的饮品，到覆盖阿拉伯南部以外的广大地区，用咖啡全豆制成的"咖瓦"（qahwa），再经过奥斯曼土耳其语 kahweh 和荷兰语 koffie 的转变，以及法语 café、意大利语 caffe 等各种语言变体，终于成为了"咖啡（coffee）"。

15 世纪早期，咖许（qisher）首先在也门的摩卡港和亚丁港"走红"。这种饮料由咖啡的果皮果肉部分晒干或烘干后经捣碎、泡煮，配以印度香料制成，十分符合当地人的口味，在也门极为流行。一方面，易腐坏的果肉不适合长途运输，导致当地人都会采摘咖啡果后立即食用；另一方面，也门人认为凉性的咖啡果茶相比燥热的咖啡豆更利于身体健康。直到现在，也门人仍偏爱于咖啡果肉茶。

15 世纪后期，"咖瓦"（qahwa）逐渐走入人们的餐桌。在早期的咖瓦里，也门人将咖啡果肉和种子磨碎后一起食用，而在阿拉伯半岛北部的国家则饮用以全豆制成的咖瓦。

16 世纪以后，土耳其人将阿拉伯人废弃的咖啡豆，经晒干、烘焙、磨碎、熬汁等工艺，制成了新型的咖啡饮料，这种饮料开启了近代咖啡饮用的先河，并逐渐成为国际饮用标准。首先，土耳其咖啡必须选择类似柄勺的专用器具：土耳其壶，设备讲究；其次，加入冷水和咖啡粉后，用热砂（细火）缓慢加温，待煮到液面上升时，将壶从热源上移走，液面回缩后再放回热源上，重复三次，最后用汤匙移走泡沫并倒入杯中，工艺讲究。如此煮法，使深度烘焙的咖啡豆更加浓郁香醇，美味可口。

据考证，阿拉伯北部的叙利亚是咖啡烘焙始祖。叙利亚人在 1550 年左右发明了手摇式磨豆机，可以粗研磨咖啡豆；后来借助畜力拉动笨重的石磨，烘焙后的咖啡豆才被磨成了粉状。随着科学技术的发展，手摇磨豆机、电动磨豆机陆续问世，至今，无论是咖啡店、办公室还是家用，各种规格和大小的磨豆机比比皆是，给饮用咖啡带来了便利。

17 世纪，在维也纳售卖土耳其咖啡的柯奇斯基灵机一动，根据自小熟知的维也纳市民口味对咖啡进行了改良：去掉咖啡渣，再添以牛奶和糖。牛奶咖啡自此诞生，这是咖啡饮用和商业史上的又一次重大变革，咖啡被赋予了新的灵魂。自此，咖啡与牛奶互相碰撞所散发出的美味震撼了人类的舌尖与味蕾。其后，阿拉伯人又不失时机地在咖啡里加入了香料、姜末等进行调味并大大消除了乳糖不耐症人群的不适。

国人也爱咖啡，但是说起咖啡融入生活，则当数海南第一，而海南则数兴隆人为最。海南人多饮本地咖啡，然而兴隆栽培的中粒种咖啡风味有所欠缺，于是聪明的海南人研究出了独特的焙炒方式：先把精选过的定量的咖啡豆放到特制的铁锅中焙炒，当锅中温度和咖啡豆的熟度达到一定的"火候"时，用风扇吹去咖啡种皮，并依次加入适量的食盐、奶油、优质白糖等配料，充分拌匀，再用小火炒至豆粒"够火"后，迅速取出并立即吹风冷却，然后磨碎即成咖啡粉。成品色泽油亮，散发着独有的浓郁香气。海南人的智慧在很大程度上弥补了咖啡风味的缺陷，并发展成了独特的饮用文化与习俗。

二、咖啡丰富现代生活

☕ 速溶咖啡

咖啡真正成为一种风靡全球的"快速"饮料，应该归功于速溶咖啡。速溶咖啡，又称可溶性咖啡或冻干咖啡，纯速溶咖啡粉是由烘焙并磨碎的咖啡豆经过过滤，产生浓缩的咖啡萃取物。然后将萃取物蒸发掉多余的水分获得干燥的咖啡提取物，饮用时再加水还原。速溶咖啡也包括以咖啡粉为原料，加入白砂糖、植脂末等辅料后加工而成的固体饮料类产品。

"雀巢咖啡"是世界上第一个速溶咖啡品牌。1929 年，时任雀巢集团董事长的 Louis Dapples 接到了来自前任雇主——南美法国与意大利银行（the Banque Française et Italienne pour l'Amérique du Sud）的一项求助。当时，继华尔街股灾和咖啡价格崩盘后，该银行位于巴西的仓库中有大量急需消耗的库存咖啡，希望雀巢能将这些库存变为"可溶性固体"，再售卖出去。为此，化学家马克思·莫根特尔（Max Morgenthaler）应邀加入了项目团队，同其他研究人员一道寻找解决方案。经过三年的研究，他们发现牛奶咖啡（café au lait）——咖啡中融入牛奶和糖，再转化为粉状，能够更长期地保持香醇。然而这种粉状颗粒却不易溶解，牛奶和糖也为生产增加了挑战。莫根特尔博士发现，相较于不甜的牛奶来讲，保存在甜牛奶当中的咖啡，口味与香醇口感更佳。他还发现，在高温高压下暴露的咖啡，保存时间更长。由此，莫根特尔博士得出结论：保存咖啡香醇的秘诀就在于，利用充分的碳水化合物创造一种固体可溶性咖啡，这在当时可谓一项创举。1938 年，随着雀巢喷雾干燥咖啡粉末生产线正式在瑞士小城奥尔布（Orbe）投产，世上最早的速溶咖啡诞生了。同年 4 月 1 日，"雀巢咖啡"在瑞士上市，两个月后在英国上市；1939 年，在美国上市……到 1940 年 4 月，雀巢咖啡已经在全球 30 个国家出售。

1956 年随着美国电视总台引入商业广告，雀巢咖啡的销售量进一步得到提升，其原因是虽然在播放广告期间没有足够的时间煮一杯茶，但这个间歇足够人们制作一杯速溶咖啡。在速溶咖啡与罗布斯塔盛行的年代，滚动的商业广告带动了咖啡的消费。现今，全球消费者每一秒钟就饮用 5,800 杯雀巢咖啡，各式各样的咖啡美味迎合了全球消费者不同的口感和偏好。1988 年，雀巢公司有意打开中国市场，决定支持云南咖啡产业的发展。1992 年，雀巢咖啡在中国成立农业服务部，并在东莞投资设立速溶咖啡厂，部分原料采用了云南本土咖啡豆，在强有力的促销下，雀巢咖啡迅速在市场上打响，而麦斯威尔也不失时机地迅速跟进，一时间，速溶咖啡和三合一调味咖啡成为 2000 年以前中国咖啡文化的主流。

麦斯威尔（Maxwell House）与雀巢同为最受中国消费者熟知的速溶咖啡品牌，其得名于 19 世纪 70 年代美食家 Joe Cheek 研制出的、销售于当时上流社会的聚会场所——麦斯威尔饭店的一种香醇浓郁咖啡。20 世纪 80 年代，咖啡对大多中国消费者来讲是一种全新的饮品，其苦味也不是人人可以接受，为逐步引导消费，卡夫推出了将咖啡、奶末和糖混合在一起的 3 合 1 速溶咖啡。麦斯威尔在 1985 年首次进入中国，1997 年，由"麦氏"改名为"麦斯威尔"。其广告词"滴滴香浓，意犹未尽"源自 1907 年美国总统西奥多·罗斯福对于该品牌咖啡的评语，从此，这句话也成为麦斯威尔一贯遵循的准则。

速溶咖啡可谓是"毁誉参半"的存在。传统的咖啡冲泡方式程序复杂，而速溶咖啡方便快捷、口感独特，可迅速溶解于热水，便于储运，对于那些单纯需要咖啡因或咖啡味饮料的人来说，确实是不错的选择，在某个特定时代，速溶咖啡的诞生帮助咖啡实现了全球化的普及和推广。但众多消费者却出于风味和品质的原因，并不认可速溶咖啡。首先，传统的速溶咖啡选用了罗布斯塔（Robusta）豆种，与阿拉比卡（Arabica）豆种相比，咖啡因含量更高、味道更苦；其次，受工艺影响，即便是使用了与大部分现磨咖啡相同的阿拉比卡豆制成的速溶咖啡，也会因为干燥工艺（特别是"喷雾干燥法"）造成不同程度的风味物质损失；第三，调味型的速溶咖啡加入了糖、植脂末、乳及乳制品，对咖啡风味形成干扰。再加上，大多数速溶咖啡在饮用时会加入植脂末，其对提高咖啡品质和风味上也不如牛奶。针对这些缺点，很多品牌进行了技术革新。比如广泛推出了主打冻干技术的速溶阿拉比卡咖啡，在萃取阶段使用冷萃法以减少氧化、在成粉阶段使用冷冻干燥法以减小风味损失。再比如星巴克 VIA 应用"超微颗粒研磨"技术以最大限度保留风味物质及原豆种的特点。

☕ 即饮咖啡

世界上第一罐可即饮的罐装咖啡诞生于 1969 年的日本，随后凭借其便利性、高性价比以及咖啡固有的提神功效，逐步在世界各国取得了长足发展。

自 20 世纪 90 年代开始，不同品牌的即饮咖啡饮料越来越多地出现在我国市场。近年来，凭借其便利性、较高的性价比以及咖啡固有的提神功效，即饮咖啡饮料的市场规模不断扩大，产量持续增长。统计数据（图 2-1）显示，从 2017 年开

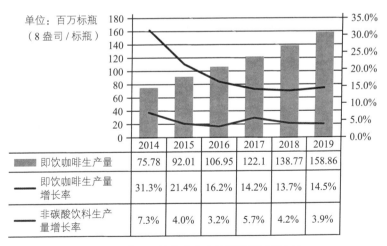

单位：百万标瓶 （8 盎司 / 标瓶）	2014	2015	2016	2017	2018	2019
▨ 即饮咖啡生产量	75.78	92.01	106.95	122.1	138.77	158.86
— 即饮咖啡生产量增长率	31.3%	21.4%	16.2%	14.2%	13.7%	14.5%
— 非碳酸饮料生产量增长率	7.3%	4.0%	3.2%	5.7%	4.2%	3.9%

图 2-1　中国即饮咖啡生产总量及增长率比较

始，即饮咖啡年产量的增长率一直保持在 14% 左右，显著高出其他饮料类别。即饮咖啡中，奶咖类产品占据主流地位，但自 2018 年以来，随着中国资深咖啡消费者数量的增长，黑咖类产品也开始大量涌现。相较于最初的即饮咖啡，现在的罐装咖啡在口味及包装的多元化、产品配料的高端化等方面不断延伸发展。

✆ 胶囊咖啡

通常，经烘焙、研磨后的咖啡粉与空气接触后品质很快劣变，而胶囊咖啡（coffee capsule）是将研磨、烘焙后的咖啡粉于 4 小时之内密封在充满惰性气体的特制胶囊里，饮用时再使用配套的咖啡机进行标准程序萃取得到的咖啡。由于密封严密，胶囊咖啡能够有效防止咖啡粉的品质劣变以及风味物质的损失。萃取时的高压能够使高温的水蒸气短时通过咖啡胶囊中的咖啡粉，咖啡香气成分能得到更大程度的保留。经由流水线生产制作的加工方式，也降低了手工环节带来的不确定性，与其他便捷式咖啡相比，胶囊咖啡的品质和风味更加持久、稳定。但由于胶囊咖啡需要与胶囊咖啡机配套使用，成本偏高且需要考虑包装物的回收利用，目前主要应用于商业领域和办公环境。

20 世纪 70 年代，为适应人们日益加快的生活节奏和对快捷方便、品质持久咖啡产品的需求，雀巢率先推出了一款胶囊咖啡产品 Nespresso，中文名为"浓遇咖啡"。Nespresso 于 2007 年正式进入中国，截至 2019 年 12 月，Nespresso 咖啡机已入驻中国大陆地区超过 600 家五星级酒店中的 45000 多间客房。在包装回收利用方面，2015 年 6 月，Nespresso 分别制订了对公、对私两类胶囊回收计划。对公，与众多五星级酒店合作开展胶囊回收；对私，采用线下精品店回收。2017 年至今，Nespresso 与农场合作，将回收的咖啡渣经堆肥处理，成为蔬菜种植的有机肥料，从而赋予咖啡渣全新的生机。通过 "Nespresso AAA 可持续品质" "希望之杯"、Nespresso 胶囊回收等一系列项目，消除胶囊咖啡废弃物不当处理可能带来的环境影响。（图 2-2）

图 2-2　Nespresso 胶囊咖啡

🌰 挂耳咖啡

20 世纪 90 年代，日本人发明了挂耳式咖啡。挂耳式咖啡顾名思义，在滤袋的两侧有一对形似"耳朵"的纸夹板，可以挂在杯沿用于固定滤袋，滤袋里装的是研磨好的咖啡粉。由于挂耳式咖啡已经事先设定好冲泡咖啡的大部分变量，购买者无需选豆、考虑咖啡豆的研磨程度和水粉比，也无须高端的冲煮器具及熟练的操作技巧，只需热水和一个大小合适的敞口杯，就可以随时随地享受接近现磨咖啡的美味。冲泡完后可以直接丢掉用过的咖啡粉和滤袋，十分方便（图 2-3）。不过，挂耳式咖啡的本质仍是研磨咖啡粉，因此面临与所有咖啡粉相同的问题：氧化受潮可能导致咖啡粉不新鲜、风味损失甚至变质。为减缓咖啡粉氧化速度并延长咖啡风味的存续时间，市场上也陆续推出了独立包装、充氮式包装的挂耳咖啡。由于集成了速溶咖啡的方便便携和接近现磨咖啡的风味品质，如今，挂耳式咖啡已占据日本咖啡市场 15% 的份额。

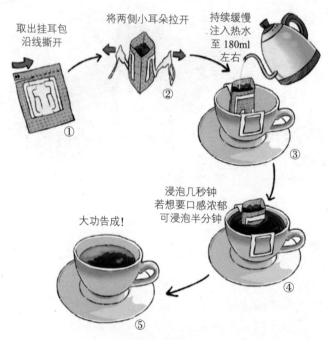

图 2-3　常见挂耳式咖啡冲泡步骤

⟩๐ 第二节 ๐⟨
咖啡萃取

　　对于热爱咖啡的人来说，最惬意的事莫过于静静地享受一杯美味的咖啡并细品个中滋味了。那么，是什么造就了咖啡的美味呢？当然是咖啡的种植、加工和烘焙过程。是的，做好以上三步，你已经有 90% 的概率能得到一杯好咖啡了，而最后的 10% 取决于什么呢？自然是咖啡液的萃取过程，想要得到一杯好咖啡，必须把控好咖啡萃取过程中的每一个环节。

　　冲煮咖啡实质上是萃取咖啡中的风味物质和有效成分的过程，水质、烘焙程度、研磨度、水粉比、温度以及冲煮时间等都会影响到风味和口感。

一、选豆

　　一杯香浓可口的咖啡，离不开优质的咖啡豆。产地和品种决定了咖啡的基础风味和口感：非洲产区的咖啡豆香气浓郁，具有花果香；拉丁美洲产区的咖啡豆清爽平衡，具有坚果香和可可香；而亚洲产区的咖啡豆则更醇厚，具有草本香和泥土香……大家可根据自己的喜好来选择和尝试。

　　咖啡豆的品质决定了"这一杯"的状况，我们可以通过以下方法的综合使用来判断咖啡豆的品质。

咖啡豆并非"越新鲜越好"。虽然烘焙后的咖啡几乎立即开始流失新鲜度，但烘焙后马上冲煮的咖啡，风味却不完全、不圆润，甚至口感干涩、乏味。究其原因，首先是咖啡豆在烘焙过程中产生的二氧化碳等气体会阻碍水和咖啡的接触，萃取不充分；其次，刚刚烘焙好的咖啡豆化学成分也不稳定，还需要经过一段时间的"养豆期"才能进入稳定状态。

新鲜度对于一杯优质的咖啡至关重要，烘焙后的咖啡应尽快食用。在储存过程中，咖啡的香味物质会慢慢地挥发消耗，其中的多酚类物质也会慢慢被氧化，不新鲜的咖啡口感会变差。目前关于咖啡豆储存期间风味变化的研究表明，咖啡生豆如妥善保管可保持 1 年，烘焙后的整豆可以在室温条件下的密闭容器中保持约 1 个月，而研磨后的烘焙豆即使处于密封状态下，其室温条件下保持风味的时限也只有 1 周左右。

保存咖啡应该远离氧气、光、热和潮湿，为了保持其新鲜度，最好将咖啡置于避光、密封的容器里（图 2-4），放置在阴凉、避光、干燥的地方。除非具有非常好的密封条件，并且在取出后经历适当的升温，否则千万不要将咖啡存放于冰箱中，以免取出后空气中的水分凝结在咖啡上影响风味。

图 2-4　存豆容器

　　新鲜、未包装的咖啡豆若不考虑季节、温度、湿度、气压以及烘焙程度等条件的影响，在20℃理想状态下的新鲜周期如下。

　　养豆期（排气期）：时长不超过7天。

　　最新鲜期：养豆期结束即为最新鲜期，保存良好时可持续约2周。

　　较新鲜期：烘焙豆从巅峰状态回落，妥善贮藏约1个月。

　　通常，使用风味锁式包装（图2-5）的烘焙咖啡豆未拆封保鲜期为34周。包装开启后，咖啡与

图2-5　风味锁式包装

空气和环境接触会加速风味流失，应尽快饮用完毕。研磨为咖啡粉后更应妥善保存，建议在一周内饮用完毕。

二、研磨

　　咖啡豆的研磨度、研磨方法、研磨时间都会影响到咖啡萃取液的品质。

　　咖啡豆研磨成粉后，总表面积几乎扩大了10倍，虽然与水的接触会更充分，便于萃取，但与空气接触的面积也变大了，易导致氧化速度加快，保质期相对缩短。所以，现磨现用

是最佳选择。

研磨度是评价研磨咖啡粗细程度的指标，研磨度越高，粉质越细，根据颗粒粗细程度，可分为粗研磨、中研磨和细研磨三种。咖啡豆的研磨度与咖啡的萃取时长和萃取效率息息相关，影响着咖啡的风味和口感。粗研磨的咖啡比较像我们平时看到的砂糖，细研磨的咖啡颗粒比较像绵白糖，中研磨的粗细程度处于两者之间。

研磨度越大则咖啡粉越细，咖啡粉的总表面积越大，在空气中的氧化速度越快，香气物质也越容易损失；但同时，咖啡粉越细，萃取时与水接触的面积越大，萃取出的成分也会更多，泡出来的咖啡通常味道会更"重"一些，特别是苦味物质。此外，咖啡中可溶物和易挥发芳香物质的提取也和咖啡粉的研磨度有关，比如多酚类物质、脂肪酸类等物质，这些因素都可能影响咖啡的口感和风味。总之，研磨得太粗糙导致咖啡味道较淡，研磨得太精细导致咖啡味道较苦，研磨度小、咖啡粉颗粒比较大的咖啡，味道通常更酸一些。

因此，咖啡颗粒越大，越应该选择萃取时间长的方法，粗研磨度宜选择压滤壶，中等研磨度咖啡粉宜选择平底滴滤，精细研磨度咖啡粉选择锥形滴滤，而超细研磨咖啡粉选择浓缩咖啡机。

咖啡中的风味物质在研磨的过程中也容易损失。要想研磨出好的咖啡，要注意四点基本操作：把握适合的研磨度、控制研磨时温度不要太高、研磨要均匀、最好现喝现磨。使用磨豆机研磨咖啡豆最应注意以下两点：将摩擦产生的热尽量控制到最小，避免因发热导致咖啡中的芳香物质扩散出去；研磨的颗粒要尽量保持一致、均匀,因为它会影响冲泡的咖啡浓度是否均匀。

很多人享受手动磨豆机在磨豆子过程中的香气怡人,一般手动磨出来的咖啡豆,咖啡粉颗粒均匀,咖啡香气保存较好,口感较均衡,但是费时费力。而全自动磨豆机可以给我们带来更多便利,机器磨咖啡豆速度快,香气物质也保存较好,还可以选择研磨度,粉质均匀,一次研磨量大。

手动磨豆机(图2-6)比较古老,在一些传统咖啡店可能会看到它们被用作展示。手动磨豆机所磨出来的咖啡颗粒都比较大,速度较慢,磨完后清理也麻烦一些,对于生活节奏越来越快的年轻人说,手动磨豆机就显得跟不上时代了。

图2-6 手动磨豆机

家庭用电动磨豆机(图2-7)具有体积小、轻便、价格低的特点,在家庭和小型办公场所的使用已经越来越普遍,能够制备各种研磨度的咖啡粉。

图2-7 家用电动磨豆机

咖啡店使用的专业电动磨豆机（图2-8），其最大优点是研磨速度快，一次能研磨的分量较多，适合大规模商用。

磨豆机应及时清洁，以防止不同的咖啡豆之间串味，当然，如果能做到"专机专用"，不同的咖啡豆使用专用的磨豆机，是最好的防串味措施。此外，油脂积垢在磨豆机里容易腐败变

图2-8 咖啡店专业电动磨豆机

质，污染咖啡粉，影响咖啡的风味和口感，及时去除磨豆机中残留的咖啡豆油脂能够有效地保持清洁。

　　研究发现，研磨会导致咖啡豆细胞壁的破裂，增大咖啡与空气的接触，咖啡中易挥发的香味物质会迅速地挥发到空气中，研磨中所产生的热交换效应也会加速这一过程。在研磨后的 5 分钟内，有接近一半的挥发性芳香物质会消散。使用磨豆机研磨咖啡豆时，尽量只磨一次够用的量，以防咖啡豆中的芳香物质在热的作用下过早释放，影响冲泡咖啡的口感。无法现喝现磨的时候，可以按以下两点操作：一次只磨好 1 周饮用量的咖啡粉，并密闭包装保存；直接购买咖啡粉并按贮藏条件要求储存，开封后的咖啡粉贮藏在不透明的密闭容器内。（图2-9）

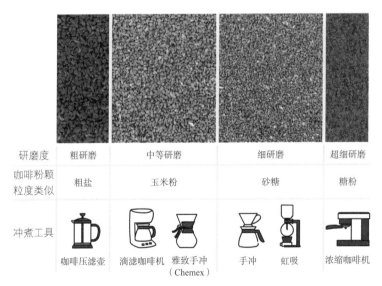

图2-9　研磨度与冲煮方式

由于咖啡粉很容易吸味，在贮藏过程中尤其要注意远离有特殊气味的食物，如洋葱、大蒜、鱼类、牛羊肉等，以免影响咖啡风味。

三、萃取

作为一种饮品，咖啡的最大成分是水，咖啡粉的比例可能仅占 2%，所以咖啡风味与水息息相关。水中含有多种矿物质离子，会影响咖啡的萃取效率，进而影响咖啡风味。要想制作出一杯香气怡人的咖啡，需要使用新鲜、清洁、不含杂质的水，并且尽量不使用含软化剂或其他异味的水。可以使用过滤水或瓶装水。

☕ 水温

水温影响咖啡的萃取程度和萃取质量。通常来说，萃取咖啡的最佳水温为 90~96℃。低于这个温度，冲泡出的咖啡会比较容易出现明显的酸涩味，超过这个温度，冲泡出的咖啡更容易出现明显的焦苦味。萃取温度还应该考虑咖啡豆的烘焙度，烘焙程度深的咖啡豆，冲泡时的水温要略低；烘焙程度较浅的咖啡豆，冲泡时的水温需要略高。

咖啡液萃取后的最佳温度应在 85℃左右，咖啡的最佳饮用温度应是 65~75℃，建议喝完一杯热咖啡的温度不低于40℃。

按萃取温度的维度划分，通常可以分为高温萃取和低温萃取。

萃取温度超过 90℃时，为高温萃取，一般建议使用的水温是 90~96℃，其优势是能更好地提高萃取效率，增加咖啡的醇厚度、香气与焦苦味。通常来说，高温萃取比较适合硬豆和浅、中烘焙程度的咖啡豆，能呈现更活泼的酸，但要注意水温不可太高，因为温度超出 94℃时会溶解出更多酸苦物质。

当温度低于 90℃时，为低温萃取，会抑制萃取效率，降低香气与焦苦味，较适合中深或深度烘焙的咖啡豆。低温萃取的水温最好不低于 82℃，否则只会萃取出低分子量酸性物质，不利于浅焙豆中的甘苦味物质的萃取，容易导致风味不均衡。

冷萃取方式是运用萃取时间长来替代温度对咖啡萃取产生的积极影响，通常需要花费 8~24 小时进行制作。冷萃咖啡和冰滴咖啡都是当下的主流方式。冷萃咖啡口感清爽、丝般顺滑，自然的甜感令人印象深刻；冰滴咖啡口感香浓、滑顺、浑厚，也能带给饮用者非同一般的感受。

🅵 水流

水流是指水冲击咖啡颗粒的力道，水流强弱也会影响咖啡的萃取。搅拌水流越强，越能促进咖啡成分的萃出。滤泡式咖啡如果没有水流促进萃取，咖啡颗粒纠结在一起，易造成萃取不均，致使萃出率低于 18% 的下线，造成咖啡风味太薄弱。不过，水流太大或持续时间太长，也容易造成萃取过度，致使萃出率超出 22% 的上限，溶出高分子量的涩苦物。搅拌水流的强弱，需要以烘焙度为指标，对待深焙豆，宜以温柔水流泡煮，以免过度拉升萃出率；萃取浅焙豆，则可用稍强水流搅拌，以免过多精华残留在咖啡渣中，降低萃取率。

水粉比例

水粉比例是指咖啡粉与水的调配比例，适合的比例能恰到好处地萃取出咖啡的完整风味，煮制出芳香浓郁的咖啡。一般来说，冲泡咖啡的时候，咖啡粉与水的最佳比例在 1：15~1：20 之间。如果使用的咖啡粉过少，过多的水会冲淡咖啡原有的风味，导致咖啡味道偏淡；若使用过多的咖啡粉，则咖啡的味道太浓，口感不好，过高或者过低，都不利于咖啡的口感和风味。不同的冲泡设备对水粉比例也有不同的要求，需要不断尝试以找到最佳冲泡方式。可根据个人口感喜好选择适合自己的水粉比例及冲泡器具。

咖啡风味易受时间影响。煮制好的咖啡不宜放置超过 20 分钟，如果保存在保温瓶中，最佳新鲜度保持时间是 30 分钟。不宜将煮制好的咖啡再重新加热。

第三节

品评

一、杯测

由于在咖啡风味前体及其在烘焙过程中形成化合物的多样性，烘焙咖啡的香气、口味和饮用感受存在很大不同，咖啡的感官评估也极为复杂。为了统一、客观地评价咖啡品质，咖啡杯测应运而生。

　　相信很多朋友在购买咖啡时都会纠结，哪款才适合自己的口味，哪款又是自己的"雷区"呢。不同的品种、不同的产区、不同的生豆加工方法和烘焙程度，不同的萃取、冲泡方式……林林总总的选择项总会让人眼花缭乱，再加上个人喜好的差异，他人的推荐参考意义也不大。老手尚且犹豫，新手小白更是不知该从何下手，别慌，杯测帮你把好关。

　　杯测（Cupping test）是最流行的咖啡感官分析专业方法，在杯测的过程中，经过培训的专业品尝者会对咖啡的感官特征进行识别、判断和定义，从而确定样品之间的实际感官差异，描述咖啡样品的味道并确定产品的偏好。那么，专家们是如何进行杯测的？杯测都有哪些步骤？又有什么具体的要求呢？

　　既然要进行客观的评价，就要排除不同器具、萃取方式对咖啡本身的影响，同时也要尽可能将咖啡本身的风味、特性进行还原。所以杯测的前提便是标准化的样品准备。以下是关于美国精品咖啡协会（SCAA）咖啡杯测的一些介绍，供广大咖啡爱好者们参考。

杯测步骤及要点：

烘焙

　　根据美国精品咖啡协会（SCAA）杯测作业的规则，样品应在杯测前 24 小时内烘焙，并应在 8~12 分钟内完成。

　　烘焙程度应为浅到中浅度，咖啡豆不能有明显

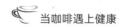

的局部烧焦或顶部烧焦。

烘焙后的样品应该立即冷却至室温，之后存放在密封或非渗透性的容器中，至少放置 8 小时。

定量规格

按每 8.25g 咖啡粉加水 150ml 的冲泡比例和每种样品豆至少 5 杯（用于评估样品的一致性）的定量规格来确定杯数和磨粉量。

杯测准备

样品豆应根据"定量规格"准确称量后研磨。每种样品研磨前，应先使用少量的相同咖啡豆对研磨机进行清洗，然后按每杯的量单独研磨咖啡豆，应确保所有样品的一致性。研磨后的样品分别放置在相应的杯测容器中。

样品研磨后应立即开始杯测，研磨结束到注水的时间差不宜超过 15 分钟（无法做到时则需遮盖样品），但总时间差一定要控制在 30 分钟以内。

注水

杯测用水应使用无异味的清水，但是不能使用蒸馏水或者软化水。

水温达到 93℃后，取热水沿杯边直接注入杯中的咖啡粉上，直至杯子上部边缘停止，应确保所有咖啡粉都浸泡在水中。

标准化鉴评

对咖啡进行感官测试有三个原因：确定样品之间的实际感官差异，描述样品的味道，以及确定产品的偏好。

1. 闻香　　　　　　2. 注水　　　　　　3. 破渣

4. 捞渣　　　　　5. 70℃啜饮　　　　6. 接近室温再啜饮

图2-10　简易杯测图解

闻香

将水倒入咖啡粉之前，先闻一下倒入杯子中的咖啡渣，称为"闻干香"。

注水

磨粉后需在 15 分钟内用 93℃热水冲泡咖啡是为了避免咖啡粉久置被氧化。粉与水的比例为 1∶18 至 1∶19，浸泡 3~5 分钟，勿超过 5 分钟。

破渣

通常在注水后第 4 分钟破渣，由一人以杯测匙的背面将液面的咖啡渣由内往外轻轻推开，每杯可拨动三次，此时可闻其湿香。

捞渣

捞除液面的咖啡渣。

浸泡第 8~10 分钟左右，咖啡液降温至 70℃左右，此时便可以鉴赏液体滋味和咖啡浸泡时释放的湿香了。

70℃啜饮

以杯测匙啜吸入口，先感受酸、甜、苦、咸四种滋味，吞下咖啡后要记得回气鼻腔，利用鼻后嗅觉鉴赏咖啡油脂释放出的气化味道，如焦糖、奶油、花果香等愉快的香气，并留意是否有木头、土腥、药水或酸败的瑕疵杂味以及苦味强弱。除舌头的滋味与鼻后嗅觉的气味外，还需体验咖啡的口感，比如厚实感、涩感、顺滑感等等。

接近室温再啜饮

由于高温下味蕾的敏感度会降低，当咖啡温度降至 50℃以下或室温时，务必再啜吸几口，吞下后再咀嚼几下，此时可以判断咖啡的干净度、酸质以及甜度。（图 2-10）

美国精品咖啡协会（SCAA）规定了简易杯测表的十个评分要项，分别为干香或湿香、味谱、余韵、酸味、厚实感、一致性、平衡感、干净度、甜味和总评，总分减去缺点栏的扣分便是最后得分，根据最后得分可以将咖啡分为精品级和非精品级。（表2-1）

表2-1　咖啡杯测的得分等级

总分	评价	等级
90~100	超优	精品级
85~89.99	极优	
80~84.99	非常好	
低于80分	未达精品标准	非精品等级

二、风味轮

如果你被问到一款咖啡的味道怎么样，该如何描述呢？想必大多数人会从气味和滋味两方面入手，闻起来什么味道，尝起来什么感受，同时大脑里飞快闪过曾经接触过的气味和滋味来对号入座。对照风味轮来进行描述是个好方法。

风味轮（图2-11）是美国精品咖啡协会（SCAA）牵头绘制的一张归类了咖啡中可能出现气味或滋味的图，一方面可以记录咖啡的风味，为选择咖啡提供依据和参考，另一方面也方便咖啡爱好者们之间使用一些基本词汇来进行交流。

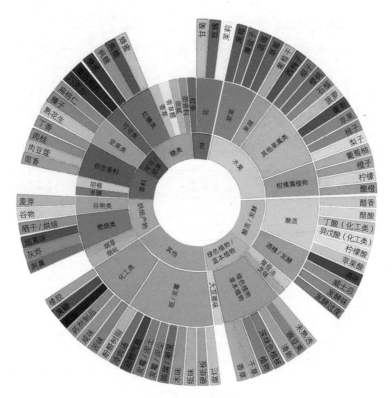

图 2-11　风味轮

如何使用风味轮

观察风味轮不难发现，从中心往边缘，越靠内的词汇越粗略概括，越靠外的词汇越具体精准，而不同类别的风味对应着不同的颜色，使得颜色也可以辅助咖啡品评者对风味进行判断和选择。

当使用风味轮描述一款咖啡时，可以根据感官先有个大体的定位，比如这款咖啡是花香？果香？还是草木的味道？如果确定了是果香，那么再往边缘细化，这种果香是柑橘类？干果类？浆果类还是其他果蔬类？假如确定了是浆果类，那么又可以细化为蓝莓、草莓、黑莓、小红莓等等。通过这样一点点的细化具体，就可以相对精确、客观地评价出一款咖啡的风味。当然，很多咖啡的风味复杂多样，也可能是多种味道的混合，这种情况就要看能捕捉到多少种风味，然后通过重复上述的方法——识别。

尽管每个人对于咖啡风味的理解都有自己的感受，但通过风味轮，我们能够尽可能的感同身受，不必亲自品尝便可对咖啡风味有一定程度的了解与认知；而业内人士也能更有效地进行沟通交流，进行更专业的描述和评估。

⊱○ 第四节 ○⊰

设备

咖啡冲煮设备各有千秋，所制得的咖啡也风味各异，而在林林总总的设备中挑选出最适合的一款，则首先需要明确个人需求和偏好。

咖啡器具有手动式和机械式，从冲煮方式可以划分为浸泡式、重力/滴滤式、真空过滤式、增压萃取式等。同一款咖啡豆在不同的冲煮设备中，可以创造出不同的味道和醇度特征。

一、传统手动式咖啡器具

🫘 咖啡压滤壶（法压壶）

20世纪30年代由意大利人发明。第二次世界大战后被广泛用于巴黎街头的咖啡店，所以常被称作法式咖啡壶，也称法式压滤壶（图2-12）。法压壶通过让咖啡粉直接浸泡于热水中的方式，达到了更加稳定的萃取效果。由于咖啡粉与水直接接触的时间较长，所以咖啡中的油脂等特有的风味被彻底地萃取出来，制作出来的咖啡口味浓郁。

图2-12　法压壶

法压壶可以相对完整地呈现出咖啡的原本风味，并且对冲泡技术的要求较低，只要有好的咖啡豆，通过现磨咖啡粉和选择合适的水温，很容易便可以制作出一杯专业、美味的咖啡。

法压壶虽然使用金属滤网过滤掉了咖啡粉，但因为网的孔径相对较大，可能会混入一些细碎的咖啡粉，致使口感更加醇厚，呈色却略显浑浊，咖啡液中容易存在微量细粉，不小心喝到嘴里也可能会有令人不太愉快的颗粒感，喜欢清澈咖啡的人可能有些介意。因此，使用时建议不要选择过细的咖啡粉，还要尽量放慢下压速度，倾倒时也不要将咖啡液全部倒出，防止沉于壶底的细渣流出。

🌢 滴滤式咖啡滤杯

使用滴滤式咖啡滤杯（图2-13）可以做出一杯丰富、干净的咖啡，让微妙的风味特征凸显。这种方法一次冲煮一杯。Melitta 的扇形滤杯，Hario V60 的锥形滤杯，Kalita 的平底滤杯（俗称"蛋糕杯"）等等都是典型的手冲咖啡器具。现在也有很多便携式的器具，或者挂耳咖啡可供选择。

图2-13　滴滤式咖啡滤杯

🌢 Chemex 咖啡壶

拥有74年历史的 Chemex 壶（开迈克斯，凯梅克斯等音译，也做雅致手冲）（图2-14），采用了耐高温、耐腐蚀的玻璃烧瓶为基础，整体造型像是三角烧瓶与漏斗的组合，拥有着典雅、流畅、优美的壶身，能最大程度降低手冲制作中不利因

101

素的影响。使用这种器具会有一种特别的变化，产生口感丰富、干净和充满风味的现煮咖啡。Chemex 滤壶有多种款式，每杯以 150ml 为准，最小容量为 3 杯量，最大为 10 杯量。

Chemex 滤纸比一般款式的滤纸要厚 20%~30%，滤杯壁也没有用于排气的沟槽，空气流动只能依靠正面单一的排气凹槽，所以阻力较大流速较慢，这一特点让它煮出来的咖啡口感更干净。

Chemex 专用滤纸更厚、更大、更有质感，分圆形、四方形、扇形等款式，最基本的是圆形和正方形，折法如下：

圆形滤纸：先对折成半圆，再对折成两个圆锥杯，撑开即可使用。

方形滤纸：撑开滤纸，开口朝上，底角朝下，形成两个锥状杯，择其中一杯使用。

图 2-14 Chemex 咖啡壶

🖊 虹吸式咖啡壶（Siphon）

虹吸式咖啡壶（图 2-15）又称塞风壶，是真空式咖啡器

具。1840 年，英国人拿
比亚在实验室设计出了
虹吸壶的雏形；两年后，
由法国巴香夫人改良的
上下对流式虹吸壶问世，
直至今日其设计基本没
有改变。虹吸式咖啡壶
是咖啡馆最常用的咖啡
器具之一，提供了一个
有趣且非常视觉化的咖
啡艺术和科学化的展示，

图 2-15　虹吸式咖啡壶

操作简易且富有仪式感。虹吸壶煮制的咖啡非常烫，尾韵顺滑
且味道更干净些。

　　虹吸式咖啡壶通常由玻璃材质制成，分为上、下两部分，
上壶中设置过滤网，基部有一根直通下壶的玻璃管，在煮制期
间负责萃取咖啡，所以也被称作萃取壶；下壶用于在咖啡煮制
前盛装适量的水以及盛放咖啡液，也称为容量壶。

　　虹吸壶咖啡煮制过程中需要持续加热，所以需要配备热
源，常见的有直火加热（例如酒精灯、便携式瓦斯炉等）和光
热（例如卤素灯等）。

　　虹吸壶的工作原理是蒸汽压力。使用时首先向下壶中注
水，通过加热，下壶中的水逐渐升温至沸腾，壶内的压力也逐

渐升高，利用加热下壶中的水所产生的蒸汽，在下壶中形成一个真空状态。在压力差的作用下，下壶中的热水经由玻璃管推至上壶，在上壶中通过适当地搅拌与咖啡粉融合，待达到需要的萃取程度后，撤去火源，逐渐冷却，气压下降，上下壶的压力会趋于一致，在重力作用下，萃取好的咖啡液便会流回下壶。

在上壶中设置的过滤器在咖啡液回流的过程中将咖啡渣隔绝在上壶，从而让我们得到一杯口感更干净的咖啡。实际过滤效果依据过滤器采用的材质也各有差异，目前常见的可以分为法兰绒布、滤纸和金属滤网，这些材质对于细粉和咖啡油脂滴滤效果的不同，影响我们所喝到的咖啡。

使用虹吸壶的冲煮流程本身极具观赏性，犹如在课堂中做物理实验一般，完美结合了科学技术和视觉体验。由于虹吸壶供应的咖啡通常温度较高，其口感的醇厚度非常明显，当寒流来袭时，咖啡体验更是尤为真切。但是，虹吸壶冲煮法由于持续维持在高水温的环境中进行萃取，极易造成咖啡的过度萃取，控制难度非常高。另外，搅拌是煮制过程中起到决定性的重要因素之一，无效或过度的搅拌都会使咖啡的萃取非常糟糕，需要多加练习才可能做好一杯咖啡。

手冲咖啡基本的制作方式主要包括 5 个步骤：

1. 称量咖啡豆

通常咖啡豆与水的比例在 1∶15~1∶20 之间，可以从 1∶18 开始，依据口味进行调整，逐步确定所需的咖啡豆重量。

2. 研磨咖啡粉

将咖啡豆研磨成咖啡粉。建议研磨到近似于白砂糖或半粒芝麻的颗粒度。

3. 准备冲煮器具

第一步，将手冲滤杯置于冲煮器具上。

第二步，折叠滤纸，并将其置入滤杯（不同外形的滤杯需要配合对应形状的滤纸）。

第三步，用热水润湿和冲洗滤纸，同时温热咖啡器具、使滤纸与滤杯充分贴合并去除滤纸的纸浆味，确保最佳的咖啡风味。

第四步，清空冲煮器具中的水。

4. 冲煮咖啡

第一步，将冲煮器具置于称量器具上（可选用电子秤），去皮（置零）。无称量器具时也可以使用量器预先量取定量的水。

第二步，在滤杯中添加研磨好的咖啡粉，并整平咖啡粉表面。

第三步，用约等于咖啡粉双倍分量的热水（90~96℃）润湿所有咖啡粉，为之后的萃取做好准备，这一步骤我们称之为"闷蒸"。"闷蒸"通常使用 30 秒的时间。

第四步，待闷蒸结束，将剩余的水量均匀地注入滤杯。

5. 过滤完毕，享用手冲咖啡

二、机械式咖啡冲煮设备

🫘 重力 / 滴滤式咖啡壶

1965 年，飞利浦发明了第一只滴滤式咖啡壶，其基本原理是通过滤纸或滤布的过滤作用使咖啡粉中的可溶性物质溶解在水中，但咖啡渣和杂质则停留在滤纸或滤布上。滴滤式咖啡壶操作简易方便、快捷高效，对于想在家畅饮咖啡的人来说是个不错的选择。

在过滤材料的选择上，虽然滤纸更加简便，但滤布的保湿性和保温性更胜一筹。如果选择使用滤布，一定要重视卫生和清洁，新的滤布必须煮沸后才能使用，滤布要根据磨损情况定期更换。

🫘 滴滤咖啡机

提供了一种自动化倾注的方法，通常能一次性制作更多杯的咖啡或煮制较大的量。

🫘 星巴克 Clover 咖啡机

用全浸冲煮方法搭配真空萃取使得风味非常明显，出品的咖啡具有中等醇度且仍能获得非常干净的口感。

🫘 浓缩咖啡机

1884 年，意大利人 Angela Morioondo 首次展示并申请了浓缩咖啡机专利。浓缩咖啡机（图 2-16）是最常用于制作浓缩咖啡的器具，一般会包含水加热系统、蒸汽系统和冲煮系统，其关键在于利用强压使蒸汽和水迅速通过咖啡粉来萃取咖啡。通常，其制作过程是用 7~9g 精细研磨的咖啡粉，将90~96℃的热水在 9~10 个大气压的压力下挤压通过咖啡粉，从而快速（一般 20~30 秒之间）萃取一杯 25~35ml 的咖啡。

增压萃取的咖啡，通常就是指高温热水在高压的环境中，挤压通过密实的咖啡粉层，快速萃取少量且高浓度的咖啡。最常见的通过增压萃取方式制作的咖啡就是浓缩咖啡，摩卡壶也是另一种增压萃取的咖啡器具。

浓缩咖啡机也分很多种，根据锅炉数量可分为单锅炉、双锅炉和多锅炉，根据自动化程度又可分为手动式、半自动和全自动式，这也满足了不同使用场景和消费预算的消费者对意式咖啡机的多元化需求。

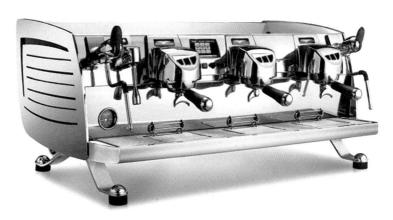

图 2-16　浓缩咖啡机的外观构造（以黑鹰浓缩咖啡机为例）

浓缩咖啡是所有意式咖啡饮品的核心，无论是拿铁咖啡，还是卡布奇诺，都基于浓缩咖啡与不同比例的牛奶和奶沫融合调制而成。但咖啡机需要经常保养，清洗相对麻烦，且价格较手冲咖啡器具更为昂贵。

胶囊咖啡机

胶囊咖啡机快捷方便，所制咖啡风味较为稳定、持久，却同样存在成本较高的局限。

第五节
咖啡饮品品类

一、意式浓缩咖啡

我们都了解咖啡豆研磨粗细的重要性，冲泡咖啡时，研磨得越细，咖啡味道越容易萃取出来，不需要用很多的水就可以煮出一杯更浓郁的咖啡。但是当咖啡豆磨到一定细度时，就会产生光靠地心引力无法让水穿透咖啡粉层的问题，这个问题限制了你能煮出多浓的一杯咖啡。

长久以来人们一直知道这个问题的存在。第一个解决方式，就是利用累积起来的蒸汽压力将热水推过咖啡粉层。最早开始采用这种方式的是咖啡馆使用的意式浓缩咖啡机，虽然只能用于制作一般浓度的咖啡，但可以更加快速，于是得到了意式浓缩咖啡（Espresso）这个名称。不过，水蒸气本身产生的压力通常不足，于是有人开始尝试使用空气压力或水压辅助的方式协助萃取咖啡。其中最大的一次突破来自阿奇勒·加吉亚（Achille Gaggia），他发明的机器有一个大型拉把，操作者将拉把往下拉，压缩弹簧，当弹簧松开后，产生的压力会把冲煮用的热水推送穿透过咖啡粉层。这种方式产生的瞬间压力非常可观，因此可以把咖啡粉磨得更细，制作出一杯既小杯又浓郁、完美萃取的咖啡。随后，意式浓缩咖啡成为造就咖啡零售业的主要驱动者。

一杯经浓缩咖啡机制出的浓缩咖啡在视觉上应该包含三个层次：杯底深棕色的核心（Heart）层，中间浅棕色的主体（Body）层，以及呈现于表面的金黄色细腻的油脂（Crema）层。一杯好的浓缩咖啡品尝起来应该具有厚重的醇度，风味平衡且持久。可以根据咖啡表面的泡沫来判断意式咖啡的"好坏"。萃取完成后，表面的泡沫呈红褐色，厚度2~3mm，泡沫不会马上消失，可以算是"好的"意式咖啡。如果泡沫大、泡沫层泛白且很薄，就是"不好的"，其原因可能是萃取时间短、咖啡粉未压实、咖啡粉量少或水温过低等原因；反之，如果萃取时间过长，咖啡粉压得过实，泡沫就会呈深褐色且泡沫层薄。

二、美式咖啡

◗ **基本原料：意式浓缩咖啡，水**

美式咖啡（英文：Americano，意大利语：Caffè Americano）是用热水稀释浓缩咖啡而成的。关于要使用多少热水并没有特别明确的标准，有些人认为 1∶2 的浓缩咖啡和水的比例是一个"标准"的美式咖啡，而另一些人则喜欢比例为 1∶1 的"小杯（short）"美式咖啡。实际上，咖啡店使用的比例可能高达 1∶15，这取决于其浓缩咖啡的强度和顾客的口味。

关于美式咖啡的起源，一个流行但未经证实的传说是，美式咖啡是意大利咖啡师在第二次世界大战期间专为美国士兵而发明的。美国士兵们在家中已经喝惯了过滤器或滴滤咖啡的味道，所以非常不适应浓缩咖啡过于强烈的苦味，为了给美国的士兵们提供更符合他们口味的咖啡，意大利的咖啡师就为其提供用热水稀释的浓缩咖啡。

还有一种与美式咖啡极为相似的浓缩咖啡饮品，澳式黑咖啡（Long Black）。这是一款澳大利亚和新西兰的流行饮品，含有与美式咖啡相同的成分，然而制备方法却不同。美式咖啡是将水倒在浓缩咖啡上，而澳式黑咖啡则是反过来操作的。通常情况下，澳式黑咖啡在制作过程中使用的水会比美式咖啡少，因此它的浓度显得更高些，这意味着浓缩咖啡的风味可以更明显地展现。但是，不应该将其误认为是 Lungo（通常被译作深萃、满萃或长萃），Lungo 是用比通常更多的水萃取的浓缩咖啡。

三、焦糖玛奇朵

🫘 基本原料：意式浓缩咖啡，牛奶，焦糖酱

玛奇朵（Macchiato）是意大利文，含义是"烙印"和"印染"，焦糖玛奇朵（Caramel Macchiato）的寓意是"甜蜜的

印记"。该饮品是在热牛奶中加入浓缩咖啡，再淋上焦糖酱而制成。细腻香甜的奶泡能缓冲浓缩咖啡带来的苦涩冲击，为想喝咖啡又无法舍弃甜味的咖啡爱好者提供一种选择。

四、拿铁

基本原料：意式浓缩咖啡，牛奶

拿铁咖啡（Coffee Latte）是花式咖啡的一种，也是意式浓缩咖啡与牛奶混合的经典之作。拿铁是最受意大利人，甚至欧洲人青睐的早餐饮品之一。意大利人说，只有意式浓缩咖啡才能给普普通通的牛奶带来难以忘怀的味道。如果用咖啡机蒸汽喷嘴打发加热牛奶，技术操作上无需像制作卡布奇诺时那么精细，加热是第一要务，而不用去刻意打发奶沫。

这种饮品并非源于意大利，当意式浓缩咖啡首次传播到世界各地时，对大多数人来说是个充满苦味、味道密集的不寻常咖啡，对某些人而言其苦味更是困扰，而加入热牛奶能降低苦味增加甜度。拿铁咖啡就是为了满足那些想要有较低风味密集感的客人而创造的咖啡饮品。

与卡布奇诺不同，拿铁会使用更多牛奶与浓缩咖啡融合，所以咖啡的味道相对不那么密集，通常奶泡也较少，只是饮品顶部添加一层。如今，很多的咖啡师都会在制作拿铁咖啡时，用拿铁艺术的方式为顾客们创造一种惊喜。拿铁艺术是咖啡师运用熟练的技艺，在浓缩咖啡中加入牛奶时，使最终饮品的顶部呈现出美妙的图案，俗称"拉花"。拿铁咖啡应该被称为

Caffe Latte 而不是 Latte，因为 Latte 在意大利语中是"牛奶"的意思，若是在意大利旅行时张口点杯 Latte，那等来的将是一杯牛奶。

五、卡布奇诺

基本原料：意式浓缩咖啡，牛奶，奶沫

卡布奇诺（Cappuccino）是风靡全球的经典咖啡饮品之一，几乎所有咖啡师大赛都要考察制作卡布奇诺的水准。理论的卡布奇诺饮品中，咖啡、牛奶和奶沫的比例应为 1∶1∶1，但事实上这一点很难做到。如果在咖啡店用意式浓缩咖啡机的蒸汽喷嘴打发牛奶，通常会在奶缸中倒入约 250ml 牛奶，打发膨胀后牛奶与奶沫的总容量增加约 1 倍，用于调制 1 杯卡布奇诺饮品绰绰有余。

关于卡布奇诺咖啡有许多传说，以前卡布奇诺的名称常与古代僧袍的颜色或修士修剪成光顶秃头的发型发生联想。有个说法对传说进行了解释：卡布奇诺旧名称 kapuziner，是 19 世纪来自维也纳的一种饮品，由小份的咖啡与牛奶或鲜奶油混合后，变成类似古代僧袍的褐色色调，一开始这个名称其实只代表其饮品的浓郁度。

一杯美味的卡布奇诺咖啡是所有牛奶咖啡饮品中顶尖的代表，饱满扎实的奶泡层与甘甜温暖的牛奶，以及经过完美萃取的意式浓缩咖啡，三者结合在一起是种极致的享受。一杯温度适口的卡布奇诺咖啡，尝起来甘甜而绵密，让人欲罢不能。

六、摩卡

🫘 **基本原料：意式浓缩咖啡，牛奶，巧克力酱**

制作摩卡（Mocha）咖啡所需的热牛奶与拿铁咖啡相同，重点在于加热，而非打发。添加巧克力的卡布奇诺是传统意义上的摩卡咖啡，但最近十几年来，随着星巴克等一大批商业咖啡馆的风味改良，咖啡馆里最常见到的摩卡咖啡已是由意式浓缩咖啡、热牛奶、巧克力酱和鲜奶油混合而成。咖啡的醇苦与牛奶和巧克力混合后，形成一种醇香浓郁、滑腻适口、苦甜交融的丰富滋味。此外，很多店家喜欢在摩卡咖啡上点缀肉桂粉、可可粉、饼干碎屑或七彩米，使其口感更加丰富，视觉冲击力更强。

经典咖啡饮品品类见图 2-17。

图 2-17 经典咖啡饮品

七、冷萃咖啡

据说冷萃（Cold Brew）咖啡（图 2-18）最早由荷兰人发明，16 世纪初，由于在海上无法饮用热咖啡，船员只能用冷水浸泡咖啡粉。19 世纪中期，冷萃咖啡逐步在世界范围内传播开来，各种各样的冷萃浓缩咖啡层出不穷，特别是在军事餐饮领域广受欢迎。近些年，星巴克着力推广冷萃咖啡，带动了相关潮流。

冷萃咖啡通过将烘焙且研磨好的咖啡粉与水在低温环境浸泡 12 小时以上，再经过过滤萃取而成。热萃条件下，咖啡中的单宁在高温时会分解产生有苦涩感的焦梧酸，而冷萃有效地抑制了这种苦涩口感。有研究表明，冷萃咖啡中的酸性物质会比热萃

图 2-18　冷萃咖啡

方法加工的咖啡低 67%，因此，相比于冷萃咖啡，经热萃加工后加入冰块制成的冰咖啡更为酸涩。

冷萃浓缩咖啡液需要冷链贮存和运输，购买后用水或者牛奶稀释即可饮用。咖啡粉在低温水中长时间浸泡，只有小分子风味物质被萃取，使得冷萃咖啡喝起来口感丝般顺滑、层次

分明，且有明显回甘。独立包装的便携冷萃咖啡液在 0~10℃下能够保藏 90~180 天，在常温下能保存 48 小时，全程低温冲煮和冷链运输，极大程度上减少了咖啡的风味损失。

> **冰滴咖啡制作**
>
> 使用滴滤方式进行萃取。冰水缓慢地滴落在咖啡上，随着时间慢慢渗透，最后提取出口感明快、柔和、圆润的咖啡。
>
> 冰滴咖啡的制作基本分为 5 个步骤。
>
> （1）磨粉，使用类似手冲咖啡的研磨度，研磨咖啡的颗粒度近似于白砂糖。
>
> （2）把滤纸放入咖啡粉杯底部，将咖啡粉添加至粉杯中，并将咖啡粉整平，最后在咖啡粉表面再覆盖一层滤纸。
>
> （3）将咖啡粉杯置于咖啡液容器上方，再将盛水器放在咖啡粉杯的上方。
>
> （4）在盛水器中依据比例添加冰块和新鲜的冷过滤水，通常粉与冰水混合物的比例为 1：12~1：14 之间，冰块和过滤水以 1：1 的比例配制冰水混合物。开启水滴调整阀，让咖啡粉润湿，并调节水滴滴速至 10 秒 7 滴的速度。
>
> （5）冰滴咖啡在滴滤完毕后冷藏 24 小时，能够使咖啡的口味更顺滑甘甜，搭配冰块饮用，可获得更清爽的口感。

八、咖啡创新饮品

在第一波咖啡浪潮时代，人们喝上了咖啡。

在第二波咖啡浪潮时代，各种风味糖浆和酱料被广泛地使用，但是在风味呈现上，大致是焦糖、坚果、香草类的传统咖啡风味轮"棕色"部分的元素（图2-19）。一方面是因为消费者对这类风味更熟悉，另一方面也是由于第二波咖啡浪潮的咖啡产品主要追求咖啡焦香和醇厚度，而这些风味能够很好地诠释咖啡醇厚香甜的品质。

我们正在经历的时代可以称作第三波咖啡浪潮。在咖啡全面普及的今天，咖啡爱好者们更深入的研究咖啡豆的品种、处理加工方式、烘焙程度以及冲煮手法，从咖啡生豆到最深烘焙程度的咖啡豆，再到咖

图2-19 咖啡搭配坚果风味

啡浆果、咖啡果肉干乃至各式咖啡萃取物，不同品种咖啡豆各生命阶段的特征风味被一一识别，消费者在传统咖啡的苦味和焦香之外，开始认识果汁般的酸感、特有的草本风味、独具风格的发酵风味……乃至泥土的芳香。逐一品尝和体验着不同产地、不同品种、不同处理方式、不同烘焙曲线带来的不一样的咖啡感受。而咖啡师们也是铆足全力用不同的方式来帮助消费者更好地品鉴一杯咖啡，他们博采众长，融合各种原料和技艺，不断推陈出新，呈现出不同的咖啡创意饮用方式。

在第三波咖啡浪潮中，由于咖啡的酸度被广泛认可，各类水果的风味被用于制作饮品，如：柑橘、柠檬、莓果；甚至一些香料、草本的风味也被使用，如：肉桂、薄荷、迷迭香，等等。对于不同的风味，选取合适的咖啡种类，比如含奶的咖啡会经常搭配坚果、焦糖等甜感的风味，不含奶的咖啡可以更多地搭配水果风味。

在以咖啡为核心的饮品之外，咖啡也被广泛地作为元素运用在各类跨界（crossover）或融合（infusion）的饮品创新中。比如：经典的鸳鸯奶茶，是奶咖与奶茶的跨界；再比如经典鸡尾酒浓缩咖啡马天尼（espresso martini）（图2-20），是咖啡与调酒的融合。

随着创新技艺的深入，有人将咖啡用于啤酒酿造，于是有了咖啡精酿；有人将咖啡用于汽水，于是有了咖啡汽水；有人将咖啡搭配果汁，于是有了咖啡果汁；还有人受啤酒的启发，将咖啡利用氮气系统充气制作氮气咖啡（图2-21）。只要创新的精神不受限制，人们对咖啡的创新就没有边界。

图2-20　浓缩咖啡马天尼

图2-21　氮气咖啡

📍 第六节 📍
即饮咖啡

一、咖啡原料

即饮咖啡常用的咖啡原料，包括速溶咖啡粉、咖啡浓缩液和咖啡豆。

这三种不同的常用咖啡原料生产流程如图所示。（图2-22）

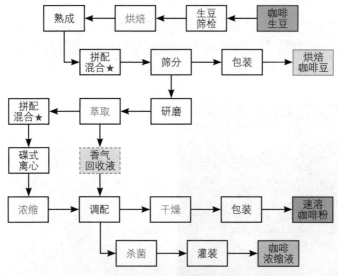

部分厂商也会在烘焙前拼配混合生豆

图 2-22　三种不同的常用咖啡原料生产流程

　　速溶咖啡粉凭借其底味浓厚、储运和使用便利以及价格优势，取得了在饮料工业中非常可观的应用前景，是即饮咖啡中最为常用的咖啡原料。传统工艺的速溶咖啡粉生产比较注重得率，会将咖啡豆中的各种成分尽可能多地提取出来，在萃取、浓缩和干燥环节都会经历不同程度的热处理，但这些处理也造成了咖啡风味的逐级损失，使得传统工艺的速溶咖啡粉在香味丰富度与层次感方面显得不足；但冷冻干燥技术等新技术的使用，大大减少了咖啡风味的损失，使得高端速溶咖啡粉在风味品质方面得以提升。

　　相较于速溶咖啡粉，咖啡浓缩液在加工环节中减少了从液态到固态的转化过程，在风味保存以及口感纯净度上略胜一筹，而近年来兴起的冷萃工艺，更是使得咖啡浓缩液的风味表现大大提升。因此，尽管咖啡浓缩液的成本通常比速溶咖啡粉有所提升，但还是越来越受到饮料厂商的青睐。

　　随着近年来消费者对咖啡认知与风味要求的提升，相较于速溶咖啡粉及咖啡浓缩液，即饮咖啡中阿拉比卡咖啡豆的使用量逐渐增加。咖啡厂商通过将不同品种、产地和烘焙度的咖啡豆拼配使用，以及运用科技手段升级萃取工艺等方式，力图赋予产品更为丰富的风味品质。下表用常见的商业咖啡豆为例，说明了咖啡店、即饮咖啡，以及生产咖啡浓缩液或速溶咖啡粉所用的咖啡豆在等级上的区别。（表2-2）

表 2-2　常见商业咖啡豆分级与应用

咖啡豆产地/来源	等级	用途					
		诉求精品的咖啡店	普通咖啡店/便利店/快餐店	挂耳/袋泡咖啡	即饮咖啡饮料	咖啡浓缩液	速溶咖啡粉
巴西阿拉比卡豆	NY.2	√	√	√	√	√	√
	NY.2/3		√	√	√	√	√
	NY.4/5				√	√	√
哥伦比亚阿拉比卡豆	Supremo	√	√	√	√	√	√
	Excelso	√	√	√			
	UGQ				√	√	√
危地马拉阿拉比卡豆	SHB	√	√	√	√	√	√
埃塞俄比亚阿拉比卡豆	G1	√	√	√			
	G2	√	√		√	√	√
	G3		√	√			
	G4		√		√	√	√
	G5				√	√	√
肯尼亚阿拉比卡豆	AA	√	√	√			
	AB	√	√				
中国云南阿拉比卡豆	G1	√	√	√	√	√	√
	AA	√	√	√	√	√	√
	B				√	√	√
印尼曼特宁阿拉比卡豆	G1	√	√	√	√	√	√

续表

咖啡豆产地/来源	等级	用途					
		诉求精品的咖啡店	普通咖啡店/便利店/快餐店	挂耳/袋泡咖啡	即饮咖啡饮料	咖啡浓缩液	速溶咖啡粉
印尼罗布斯塔豆	G1		√	√	√	√	√
	EK		√	√	√	√	√
越南罗布斯塔豆	G1		√	√	√	√	√

数据来源：根据行业调研结果整理

分析表明，即饮咖啡在风味物质的含量与感官表现方面均能达到一定的水准。生产即饮咖啡常用的多个豆种中可明确检测到的香气物质超过 200 种，其对风味影响显著的物质可达到数十种。

二、萃取技术的发展

即饮咖啡生产中咖啡豆的萃取技术，与速溶咖啡粉或者咖啡浓缩液采用了完全不同的设计理念。

在传统工艺的速溶咖啡粉与咖啡浓缩液生产中，咖啡豆原料的等级往往相对低一些，经济效益成为一个非常重要的优先指标，这时候萃取的得率成为萃取工艺设计的首要出发点。速溶咖啡粉常采用的多效连续逆流萃取方式，得率可以达到 50% 以上，很好地提升了萃取的收益。而即饮咖啡中使用咖啡豆往往是为了提升产品的风味品质，因此在萃取咖啡时会更加追求风味与经济效益的平衡，甚至出于特殊需求会主要考虑风味表现，避免由于过度萃取而产生酸涩、苦味、刺激感等负面味道。图 2-23 显示了饮料工业常用的多功能萃取机生产系统，该萃取系统由萃取机桶体、可旋转和升降的水喷头、搅拌叶、底部筛网及可开启排渣的底盖、清洗系统、萃取机下面的排渣槽等主要机体组成。即饮咖啡的生产中，使用该类设备萃取咖啡，萃取得率一般在 20% 至 30%。

图 2-23　多功能萃取设备

1. 多功能萃取机萃取咖啡常用工艺

（1）滴滤式萃取。向萃取桶中投入研磨咖啡粉后，使用旋转喷头均匀地将水喷洒在咖啡粉层上，同时开启排料阀使咖啡萃取液可以随时排出，非常接近我们日常手冲咖啡的萃取方式。这种方式的优点是：萃取得率有保障、时间短，且可以萃取出风味保存度较好的咖啡液。

（2）浸泡式萃取。向萃取桶中投入研磨咖啡粉后，喷淋入适量的水并浸泡一段时间后再排料。浸泡式萃取较少单独使用，但可以作为辅助性工艺（如冷萃咖啡萃取）采用以增加得率。

（3）平衡式萃取。向萃取桶中投入研磨咖啡粉后，先喷淋适量热水，使得液位稍微没过咖啡粉层的上表面，然后开启旋转喷头入水喷淋，同时开启排料阀，保持入水与出料的流量相近，从而使咖啡粉层在萃取过程的大部分时间里处于没于水中的状态。其优点是可以较好地避免入水分布不均的情况，从而保障萃取的均匀度。

2. 多功能萃取机生产咖啡时关键控制点

（1）咖啡粉的研磨度。研磨咖啡粉的粒度既取决于萃取要达到的风味和得率目标，又要与萃取桶筛网的孔径相匹配。粒度过粗会影响萃取得率，过细则非常容易造成萃取机底网的堵塞，从而使得萃取液难以排出。

（2）在萃取前，将研磨咖啡粉投入萃取机后需要用叶片先铺平，铺平后的粉层才能均匀地接受热水喷淋；而喷淋萃取时，喷头需持续旋转，才能确保喷洒的热水均匀分布于咖啡粉层表面。这两个操作对于实现均匀萃取必不可少，否则，在局部粉层厚度不均或入水不均时，可能会产生"通道效应"，即大量的水从研磨咖啡粉层的个别孔隙通路中流走，致使其他区域的咖啡粉没有得到均匀萃取（图2-24）。

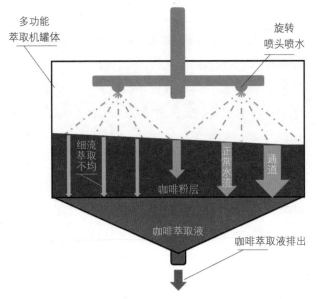

多功能
萃取机罐体

旋转
喷头喷水

细流
萃取
不均

正常水流

通道

咖啡粉层

咖啡萃取液

咖啡萃取液排出

图 2-24　咖啡萃取时发生萃取不均匀的现象

三、现代工业技术保障即饮咖啡的安全与品质

市场上常见的即饮咖啡，一部分是需要在冷藏货架贩售的短保质期产品，而更多的是常温货架贩售的长保质期产品，保质期一般在 6 到 12 个月，甚至更长的时间。那么，如何确保产品在如此漫长货架期内的食品安全与质量稳定呢？

首先，现代饮料的杀菌和灌装生产技术，使得即饮咖啡实现产品的无菌性以满足常温长保质期的贩售需要。在我们生活的环境中，微生物无处不在并且会给产品带来食品安全和品质劣化等诸多不利影响，因此，在产品开发阶段就需要充分评估所使用到的原料、包装材料以及生产设备与环境可能存在哪些类型的微生物风险；进而再根据这些微生物的特性，找出最行之有效的处理方法，特别是杀菌环节的工艺目标，并彻底执行以确保产品安全。

其次，合适的包装形式，能够延缓饮料产品生命周期中的温度、光照和氧气造成的风味劣化。不同的饮料包装形式对光和氧有着不同的抵抗力。金属罐、玻璃瓶以及多层复合材料材质的无菌纸包均有较好的阻氧性，金属罐与无菌纸包又有着很好的阻光性，无菌 PET 瓶相对于其他包装材料更加透光和透氧。

通常，金属罐装或者玻璃瓶装的即饮咖啡是采用杀菌釜的方式来进行杀菌的。杀菌釜是传统罐头产业常用的杀菌设备，其原理是在高压下使釜内的蒸汽达到远高于 100℃的温度，并在热力的作用下维持一段时间，以实现对微生物的杀灭。

常用的杀菌釜如图 2-25 所示例的，其外壳为筒仓式结构，为耐高压设备，产品码放于金属篮中，在杀菌时推入釜中。

图 2-25 工业生产用杀菌釜

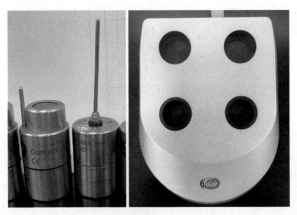

杀菌釜生产属于批次式作业，一釜能够处理的产品数量可以从几千罐到上万罐不等。工业化生产中，一般采用多台杀菌釜交错接替工作的方式来实现连续化生产。

必须注意的是，由于杀菌釜具有较大的内部空间，因此在填满产品并进行加热杀菌的过程中，釜内的不同位置升温的速度以及最后能够达到的温度不尽相同。这就要求生产厂商在投产前必须了解杀菌釜内热力分布的特性，温度最低点能够达到的温度以及温度最低与最高点之间的温差，并进行加温系统的调试与改造，否则对于产品的品质与安全都会造成影响。目前常用的技术手段是采用多颗无线温度记录器散步放置于釜内多个位置，以了解热力分布的差异，然后在温度最低点需要将温度记录器内置于罐或瓶内以探测产品实际的受热温度，以此为标准来评判杀菌是否充分。（图2-26）

图2-26　无线温度探测记录器

根据探测器记录的温度曲线，可以计算杀菌值并判断该杀菌强度是否能够杀灭目标指示菌。（图2-27）

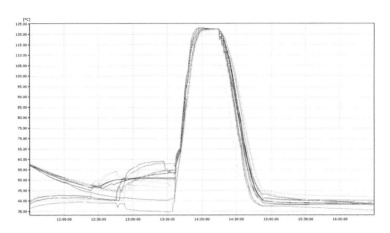

图 2-27 杀菌釜杀菌曲线图

使用杀菌釜处理的产品，一般会经历长时间高温热处理过程，从而易稍带有特定的焦香，但是对于沸点较低、不耐热的风味物质来说，在此过程中则极易受到破坏。因此，生产风味多样、层次分明，特别是带有果香型风格的咖啡产品，更适合采用 UHT 设备来进行杀菌，并采用无菌冷灌装技术进行灌装生产。市售的 PET 瓶装或者无菌纸包装的即饮咖啡即属于此类产品。

UHT 是 Ultra high temperature 的简称，这是一种可以稳定运行在接近 140℃左右的超高温杀菌设备（图 2-28）。因为采用超高的温度，故杀菌时间可以缩短到数十秒甚至更短，即可实现对目标微生物的杀灭效果。由于热处理时间短，产品风味能够最大程度地保存下来。

无菌冷灌装生产技术，是近年来已经成熟并得到广泛使用的先进的饮料生产技术。无菌冷灌装生产设备主要由无菌产品罐、无菌灌装机和辅助系统等组成。无菌灌装生产技术包含如下四项关键要素。

（1）无菌的产品。采用上述 UHT 杀菌设备进行杀菌后，产品液会冷却到常温状态，进入无菌罐储存或者无菌灌装机灌装。

（2）无菌的设备。在生产之前，与产品接触的所有设备、管路等均会进行预杀菌，并且不同设备在衔接部件上也做了防止微生物入侵污染的特殊设计。

图2-28　UHT 杀菌机

（3）无菌的环境。设备的关键部分，均用隔离罩与外界环境相分隔，隔离罩内的环境会进行消毒，从而达到一个无菌的灌装环境状态。

（4）无菌的介质。比如生产过程中冲洗设备的无菌水、隔离罩内的无菌空气等，均需要预先做无菌化处理。

基于上述理念设计发展出来的无菌灌装生产技术，对微生物风险实现了严格的防控，并尽可能减少了热处理对产品感官品质的影响。（图2-29）

感官风味方面，除了前述精心的原料选择与萃取工艺处理，咖啡香气提取与回填技术能够显著提升产品风味的饱满度，某些特定的香精也能够有耐热并持久的风味表现。

图 2-29 无菌灌装生产线

四、看懂乳化技术

消费者在购买一瓶即饮咖啡的时候，是不是经常看到一些似乎不太能搞懂的名字？比如"单，双甘油脂肪酸酯""双乙酰酒石酸单双甘油酯""卡拉胶"等等（图 2-30）。这些是产品中使用的乳化剂或增稠剂，有助于维持产品外观、质构及口感的长期稳定。那么什么是乳化剂？它们又如何发挥使产品

配　料：水、乳粉（脱脂乳粉、全脂乳粉）、白砂糖、咖啡粉（咖啡豆）、稀奶油、速溶咖啡、食品添加剂（微晶纤维素、羧甲基纤维素钠、单，双甘油脂肪酸酯、六偏磷酸钠、双乙酰酒石酸单双甘油酯、磷酸氢二钠、卡拉胶、甘油、维生素 E、聚甘油脂肪酸酯、碳酸氢钠、蔗糖脂肪酸酯）、表没食子儿茶素没食子酸酯、食用香精。

图 2-30 某即饮咖啡标签配料表

129

稳定化的作用呢?

目前市售的大部分即饮咖啡中都使用了奶粉,很多产品还使用了奶油或者植物油脂。这些原料中的脂肪类成分进入水中,是不能够和水相互溶解的,并且由于密度的差异,最终油脂会凝聚在一起并上浮于水层的上方。对于一瓶含乳的即饮咖啡来说,油水分离的状态显然不是我们希望看到的,我们希望的是奶及油脂均匀分散于咖啡液中,呈现给我们融合的外观与口感。为此,在生产即饮咖啡时,一般会使用具有高剪切力的搅拌器将乳类或者脂肪类原料分散于水中,然后再采用均质机对乳液进行均质化处理。经过均质处理后,油脂液滴数量增多并且比表面积增大,油脂的液滴直径会被大大减小,液滴粒径的分布更趋向于集中化,这种分散有助于产品稳定性的提升和口感的细腻化。但是分散的油脂后续还是会发生凝聚、上浮,这时候就需要乳化剂来发挥作用了。(图2-31)

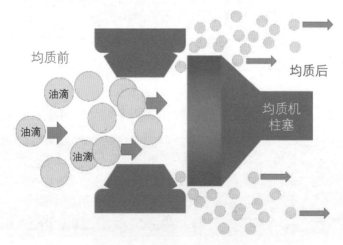

图2-31 均质机工作原理示意图

一般来说，乳化剂的分子由亲水性的基团和亲油性的基团两部分构成。亲水性的基团更容易与水结合，而亲油性的基团更容易与油脂结合，亲油基团与亲水基团的分子种类不同以及两者结合的位置不同，便衍生出了多种不同结构与性能的乳化剂。以甘油脂肪酸酯为例，脂肪酸分子结构部分属于亲油性基团，甘油的分子结构部分属于亲水性基团，脂肪酸的羧基与甘油的羟基发生酯化反应，结合后形成甘油脂肪酸酯。（图2-32）

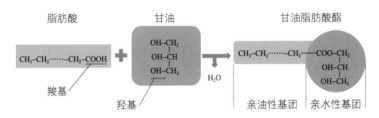

图2-32 甘油脂肪酸酯反应式与结构示意图

在即饮咖啡加工过程中，均质化处理后的脂肪油滴颗粒被打碎，粒径变得小而均匀。此时采用乳化剂与脂肪油滴作用结合，亲油性基团结合于脂肪内部，而亲水性基团在脂肪外部与水相结合，使原本单纯的油滴变成了一个个乳化粒子，这大大减少了后续脂肪液滴凝聚的可能性。在此基础上，为了进一步增强乳化体系的稳定，可以再使用增稠剂或者胶体来辅助减少脂肪的凝聚与上浮。胶体一般为多碳氢结构的长链分子结构，当足够多的胶体溶解于水中后，长链分子展开，充斥了溶液中的空间。此时的胶体结构就像盖房子的框架，而乳化粒子则分散于被框架区隔的各个"房间"中，这使得乳化粒子之间相互接触的机会减少了，也减缓了脂肪的上浮。图2-33展示了胶体在水中形成框架结构，乳化粒子分布其中的示意状态。在实际即饮咖啡的生产中，不同类型的乳化剂与胶体可以共同使用，以获得更好的感观。

图 2-33　乳化作用机制示意图

　　尽管使用了乳化剂来增强稳定性，但即饮咖啡还是可能会在质构和外观上出现浮油结块、产品分层、沉淀等问题。（图 2-34）

正常　　　浮油过厚　　　"大理石纹"状　　明显分层
　　　　　易出现油脂结块　　质构劣化　　　大量沉淀

图 2-34　即饮咖啡产品外观变化

　　这些现象不会影响食品安全，但会影响消费体验，所以这些问题往往才是确定保质期（货架期）的决定因素。传统的保质期确定方法包括模拟产品在生命周期中可能遇到的环境状况进行放置并定期观察产品外观、进行感官品评以及检测必要的理化指标确定保质期，也可以通过保温加速劣化实验、高温存放模拟实验、光照实验等方法确定保质期。确定保质期的方法通常会耗时数周到数月之久。

　　现代物理和化学分析技术的进步，使得饮料工业的技术人员在采用上述传统方法评价产品乳化安定性的同时也可以采用很多新的技术手段来对产品品质的变化进行快速预测，这大大提升了产品开发与迭代的效率。图2-35展示了常用的分析仪器，这里简要介绍如下。

差量热分析仪　　粒径分布分析仪　　LUMiSizer　　Turbiscan

图 2-35　乳化安定性分析常用仪器举例

　　（1）用离心机对产品液进行离心处理，可简单直观地比较不同产品的沉淀量、浮油等情况。

　　（2）用差示扫描量热法（DSC，differential scanning calorimetry）分析技术，来判断产品中的油脂的结晶特性，以判断未来在何种贩售温度环境下产品油脂更可能发生结块。

　　（3）用粒径分布（PSD，particle size distribntion）来分析产品内的颗粒，大部分为油脂颗粒的粒径大小与粒径分布情况，从而对不同加工工艺与乳化剂所起到的乳化效果进行比较。

（4）用 LUMiSizer 分析仪对产品的分层趋势、分层程度及分层时间进行快速的预判。

（5）用 Turbiscan 分析仪评估产品的沉降分层趋势。

在实际工作中，技术人员往往综合使用多种手段，来保障产品的品质与开发效率，尽可能避免出现上述不良现象，呈现给消费者满意的产品。

第三章

咖啡与健康

☰ 第一节 ☰
咖啡除了好喝，还有什么营养

传统意义上，营养价值是指食物中所含的热能和营养素能满足人体营养需要的程度，但是，食物中除了含有宏量营养素外，还含有微量营养素和其他许多对人体有益的生物活性物质。因此，虽然咖啡能够提供的热能很少，并不属于传统意义上维持生命必需的食物，但其营养价值却并不低，特别是在补充微量营养素和生物活性物质方面，咖啡对人体健康的积极作用不容忽视。

早在19世纪，就有科学家研究了烘焙咖啡中的化学成分。1846~1849年，佩恩（Payen）公布了咖啡豆中化学成分的研究成果，在威廉·哈里森·阿克斯（William Harrison Ukers）1922年出版并多次再版的《咖啡全书（all about coffee）》中，更是详细收录了来自不同产地的咖啡在烘焙前后的化合物含量对比。烘焙咖啡各成分中，纤维素含量最多，约占34%；其次是水和脂肪，在10%~13%之间；葡萄糖、糊精和植物酸总量在15.5%；之后是合计约10%的豆球蛋白、酪蛋白；各类矿物质合计6.697%；3.5%~5%的绿原酸和0.8%的游离咖啡因以及一些微量的精油类物质。总体来说，咖啡中矿物质和生物活性物质的含量比较丰富。

下面，我们就分门别类地聊聊咖啡中的化合物，并尽可

能理清这些化合物与健康的关系。（表3-1）

表3-1 不同产地咖啡烘焙前后的化合物含量（《咖啡全书》，1922年出版）

	巴西桑托斯（Santos）		巴东（Padang）		危地马拉（Guatemala）		也门穆哈（Mocha）	
	烘焙前	烘焙后	烘焙前	烘焙后	烘焙前	烘焙后	烘焙前	烘焙后
水分	—	—	—	—	—	—	—	—
4月	8.75	3.75	8.78	2.72	9.59	3.40	9.06	3.36
9月	8.12	6.45	8.05	6.03	8.68	6.92	8.15	7.10
灰分	4.41	4.49	4.23	4.70	3.93	4.48	4.2	4.43
脂肪	12.96	13.76	12.28	13.33	12.42	13.07	14.04	14.18
咖啡因	1.87	1.81	1.56	1.47	1.26	1.22	1.31	1.28
粗纤维	20.70	14.75	21.92	14.95	22.23	15.23	22.46	15.41
蛋白质	9.50	12.93	12.62	14.75	10.43	11.69	8.56	9.57
水提取物	31.11	30.30	30.83	30.21	31.04	30.47	31.27	30.44

一、咖啡因

咖啡因（图3-1）（Caffeine；1,3,7-三甲基黄嘌呤，1,3,7-Trimeth–ylxanthine）是咖啡豆中最重要的生物碱，也是咖啡中最受大众关注的物质。

图 3-1　咖啡因的结构式

咖啡因是一种天然的化合物，存在于咖啡、可可豆、茶叶、瓜拉那浆果和可乐果等植物中，属于非挥发性化合物。人类摄入咖啡因已有很长的历史，中国人食用含有咖啡因的饮食更是达到了几千年，世界各地的权威机构都发布过有关咖啡因摄入情况的安全性评估报告。

咖啡因可以加速人体新陈代谢，使人保持头脑清醒，是一种温和的中枢神经系统兴奋剂，合适剂量的咖啡因可提高机敏性并减少嗜睡。在成年人中，咖啡因的半衰期（即身体消除

50% 咖啡因所需的时间）差别很大，取决于年龄、体重、怀孕等身体状况以及药物摄入和肝脏健康等因素。健康成年人的咖啡因半衰期范围通常为 2~8 小时，平均半衰期约为 4 小时。

　　欧洲食品安全局食品消费数据调查中心发现，欧盟各成员国的消费者每日咖啡因平均摄入量（表 3-2）和摄入途径存在一定程度的差异。对成年人来说，咖啡是大多数成员国民众咖啡因的最主要来源，占总摄入量的 40%~94%；但在爱尔兰和英国，茶则是主要来源，分别占总咖啡因摄入量的 59% 和 57%。对未成年人来说，咖啡因总摄入量的贡献食品包括巧克力、咖啡、可乐饮料、茶。对 3~10 岁儿童来说，摄入咖啡因的主要来源是巧克力（含可可饮料）、茶和可乐饮料。

表 3-2　欧盟成员国不同年龄组咖啡因每日平均摄入量一览表

年龄组	每日平均摄入量
75 岁以上	22~417mg
65~75 岁	23~362mg
18~65 岁	37~319mg
10~18 岁	0.4~1.4mg/kg 体重
3~10 岁	0.2~2.0mg/kg 体重
1~3 岁	0~2.1mg/kg 体重

　　不同食品中的咖啡因含量和分量在欧盟国家内部和国家之间有所不同，但以下数据可作为参考。（图 3-2）

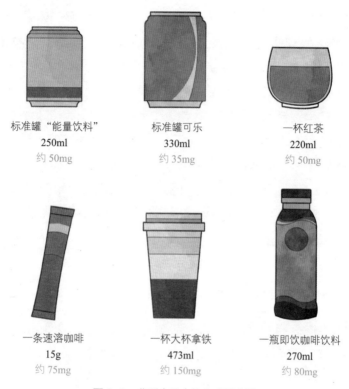

标准罐"能量饮料"
250ml
约 50mg

标准罐可乐
330ml
约 35mg

一杯红茶
220ml
约 50mg

一条速溶咖啡
15g
约 75mg

一杯大杯拿铁
473ml
约 150mg

一瓶即饮咖啡饮料
270ml
约 80mg

图 3-2　典型食品中的咖啡因含量

二、绿原酸

绿原酸（Chlorogenic Acid，CGA）是对一类独特的酚类化合物的总称，包括奎宁酸酯类、羟基肉桂酸酯类、咖啡酸酯类、阿魏酸酯类和香豆酸酯类物质等多种化合物。它是咖啡中非常重要的对人体有重要作用的生物活性物质，可以用水提取。

　　研究发现，绿原酸是由咖啡酸的 1 位羧基和奎尼酸的 3 位羟基缩合成酯组成的天然产物，是许多中药材和蔬菜水果的有效成分，具有清除自由基、抗氧化、抗炎症等多种生理活性。比如，绿原酸会抑制 6- 磷酸葡萄糖激酶（参与血糖代谢重要的酶）的活性，进而可能会加强延缓消化的作用；绿原酸还可刺激骨骼肌组织中葡萄糖的转运，同时增加周围组织对糖的摄取，并增强胰岛 β 细胞的功能，通过多种机制影响 2 型糖尿病的发展。也有研究发现，绿原酸具有降血压、改善内皮功能障碍、调节脂质代谢等作用。国家自然科学基金重大研究计划项目中的"绿原酸的药理学研究进展"对其药效综述为：具有心血管保护作用、抗诱变及抗癌作用、抗菌及抗病毒作用、降脂作用、抗白血病作用、免疫调节作用、降糖作用等，还可影响血浆中的微量元素浓度。

　　咖啡绿原酸中主要是单酯类化合物和二酯类化合物（图 3-3）。1837 年 Robiquet 和 Boutron 首次提取到绿原酸，1846

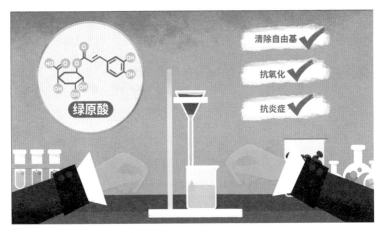

图 3-3　咖啡豆中主要绿原酸结构

年，Payen 初次从咖啡中分离出绿原酸。绿原酸在咖啡烘焙过程中会减少，研究发现，最大减少量可达到 97% 左右；但即使仅剩 3% 的绿原酸含量，也对促进人体健康有着非常重要的作用。

三、咖啡中的其他化合物

生咖啡有一种淡淡的特殊气味，这是因为其中存在着 230 多种挥发性化合物。学界和业界都热衷于研究这些挥发性物质，并希望能借此准确描述不同品种、产地生咖啡的特征香气成分，探究咖啡豆在种植、加工、贮存和运输等过程中发生的理化改变、受到的环境影响以及品质变化的规律。通过对生咖啡气味的研究，可以明确种植方式、土壤、环境等因素对咖啡风味的影响，明确典型加工方式对咖啡中挥发性香气成分的影响，从而确保生豆品质的同一性和各批次产品的一致性。

学界对烘焙咖啡挥发性气味的研究还拓展到了挥发性化合物及其前体以及各主要化合物成分对人体健康的影响等方面。

烘焙咖啡豆中，除咖啡因和绿原酸等生物活性物质外，还存在 40 种醛类、89 种酮类、36 种酯类（其中包括甘油三酸酯、维生素 E 和固醇）物质。多项体外实验表明双萜化合物具有抗遗传毒性作用，能够减少几种遗传毒性致癌物的 DNA 加合物的形成，且可以促进消除致癌物并改善抗氧化剂状态。作为咖啡中的一种双萜化合物，近年来咖啡醇逐渐走入人们视线。此外，还有研究发现，当咖啡醇与阿拉宾（抗白血病药物）联合应用时，白细胞病细胞株（HL-60）的存活率明显降低。因此，虽然 20 世纪 80 年代有研究认为，咖啡醇可能与人体血清胆固醇上升相关，但咖啡醇还是受到了广泛关注。

葫芦巴碱是一种生物碱，其生物活性近年来备受关注。研究表明，葫芦巴碱是一种植物雌激素，低剂量时可通过雌激素受体促进人乳腺癌细胞（MCF-7）的增殖。葫芦巴碱（低于 125μm）还能提高细胞的抗氧化活性，保护细胞免受过氧化氢诱导的损伤。因此，葫芦巴碱将有望用于治疗氧化应激介导的心血管疾病。此外还有研究表明，葫芦巴碱对非酒精性脂肪肝具有一定的保护作用。

四、纤维素

生咖啡豆中的纤维素在烘焙后基本没有发生降解反应，或者说，与生豆相比，咖啡烘焙后的纤维素总重量基本没有减少。烘焙后的豆子因纤维碳化而颜色逐渐变深，因内部气体膨胀而拉伸断裂。咖啡豆中的纤维素大部分是人体不能吸收利用的纤维素、半纤维素及木质素，这些纤维素不易溶于水，人类肠道也不含有分解这些纤维素的酶。但是，通过研磨咖啡摄入的少量纤维素，对促进肠蠕动和排便却是有积极意义的。通过法压壶等方式萃取的咖啡液体中，悬浮的纤维素成分会比使用滤纸过滤的冲煮方式得到的纤维素含量高，可利用成分更多些。

五、脂肪

1837 年就有人开始研究咖啡中的脂肪和油脂，并且逐渐发现咖啡中脂肪酸的组成在烘焙过程中有轻微变化。1997 年，Casal 等人在研究中发现，咖啡的反式脂肪酸含量随烘焙程度增加，特别是 C18：2ct 和 C18：2tc；但不同的烘焙温度对脂肪酸的总量影响不大，只有亚油酸含量会随着温度增加而有所降低。

咖啡的冲煮方式对萃取液中的油脂含量有很大影响，使用高温高压设备进行冲煮的方式会使空气和咖啡中的可溶性脂肪结合产生一层薄薄的金黄色绵密泡沫，有人称之为"特浓奶油（espresso crema）"，也有人称其为"健力士现象（Guinness effect）"。但即使这种方式获得的黑咖啡，其脂肪含量也微乎其微，其他冲煮方式则更难把脂肪萃取到咖啡液中。

六、碳水化合物

Smith 和 Feldman 分别于 1963 年、1969 年分析对比了生咖啡和烘焙咖啡中的化合物组成，发现在烘焙过程中蛋白质和蔗糖的含量会明显下降。阿拉比卡生咖啡豆中的蔗糖和还原糖含量在 5.3%~9.3%，阿拉伯聚糖 4%，甘露聚糖 22%，半乳糖 10%~12%，葡聚糖 7%~8%。烘焙过程中，这些糖分会发生焦糖化反应和美拉德反应，为咖啡带来独特的色泽和风味。

根据烘焙程度的不同，碳水化合物含量可以从 8228~8466mg/g

降低到 15.2~192.1mg/g，与这个数据关联的是，烘焙温度越高，烘焙咖啡的颜色越深，碳水化合物含量越低。加之，烘焙后咖啡的碳水化合物在冲煮过程中很难溶于水，所以黑咖啡中很难含有碳水化合物。

七、蛋白质

生咖啡中含有 25 种游离氨基酸；烘焙咖啡以豆球蛋白和酪蛋白为主，二者总含量接近烘焙咖啡的 11%，另外有 1% 的氨基酸。虽然看上去数据很漂亮，但咖啡中的蛋白质多半不会在冲煮过程中溶于水，所以一杯黑咖啡的总蛋白质含量还不到 0.1g。

不过"咖啡 + 乳"是一个非常好的摄入蛋白质的方法，拿铁、卡布其诺、馥芮白等咖啡饮品中都会加入乳的成分，且通常占比较高，适用于补充蛋白质。关于乳和乳制品营养价值的研究很多，简而言之，奶及奶制品是营养成分齐全、营养素组成比例适宜、易消化吸收、营养价值高的动物性食品，是膳食中优质蛋白质的主要来源，也是钙、磷、维生素 A、维生素 D 和维生素 B_2 的重要供给来源之一，可以促进成人骨密度增加。

乳糖不耐人群或者不想摄入动物蛋白的人，可以通过在黑咖啡中添加豆乳、杏仁奶、燕麦奶或者其他植物蛋白饮料等"植物乳"的方式摄入蛋白质。

八、维生素和矿物质

据国外多项研究的数据，生咖啡豆中富含多种维生素（表3-3）。维生素是维持生命所需的、必须通过饮食获得的微量有机化合物，咖啡中的维生素主要包括维生素 A（14IU），维生素 K（3.8μg）和维生素 B_9（1mg），也包括其他一些水溶性和脂溶性维生素。咖啡在烘焙过程中，维生素 C 和维生素 B_1 等热敏感维生素会有不同程度的损失，下表列出了烘焙咖啡中的维生素含量，供参考。

表 3-3　咖啡中的维生素

名称	每 100g 烘焙咖啡豆
维生素 A	14IU
维生素 K	3.8 μg
维生素 B_9	1 μg
维生素 B_1	0.08 mg
维生素 B_2	0.1 mg
维生素 B_3	0.18mg
维生素 B_5	0.01mg
维生素 E	0.26mg
维生素 M（叶酸）	3IU

国外一项关于咖啡萃取液中矿物质含量的系统性研究表明，钾是咖啡中含量最丰富的矿物质，镁和钙次之，各矿物质

含量详见表3-4。咖啡中的矿物质重量约占总干物质的4%且在烘焙前后变动不大。冲煮方式对咖啡萃取液中的矿物质含量具有影响，例如，压滤式咖啡的钙含量最高可达25.71mg/L，使用滤纸的滴滤式咖啡中只有16.34mg/L，这些矿物质会随咖啡液进入人体。

表3-4　咖啡豆中的矿物质含量

名称	烘焙咖啡萃取液含量[1]
钾	887.38~1540.70mg/L
镁	77.15~116.30mg/L
钙	16.34~25.71mg/L
钠	24.736~27.810mg/L
硅	2.55~3.44mg/L
铁	0.346~0.439mg/L
磷	49.64~81.58mg/L
锰	0.443~0.640mg/L
铜	低于检测限 ~0.085mg/L
锌	0.235~0.123mg/L
铬[2]	0.037mg/L

注1：数据来源：使用蒸馏水，分别采用Aeropress咖啡机、意式浓缩咖啡机、滴滤、法压等标准冲煮方法，以及细研磨咖啡92℃水浸5分钟的简单浸泡法取得。

注2：铬（Chromium）是一种痕量元素，可帮助控制血糖，调节脂类，增加肌肉量。1980年美国FDA宣布铬是基本营养物，并提出推荐每日摄入量为50~200mcg。

喝咖啡会致癌吗

几乎全世界的人都饮用或饮用过咖啡，而饮用咖啡与癌症发生是否有关联？又具有怎样的关联？是普罗大众最关心的问题，也是长期以来被世界各国广泛关注的话题。在过去的几十年间，很多国家都通过大量的流行病学调查和研究，对饮用咖啡和罹患癌症之间的关系进行了深入探讨。大量的人类实验数据和流行病学证据表明，咖啡不会增加人类罹患癌症的风险，甚至还具有帮助人类对抗癌症的积极作用。

一、大名鼎鼎的丙烯酰胺

把咖啡与癌症关联到一起的化合物是"丙烯酰胺"。丙烯酰胺是在食品加工过程中形成的必然产物，通常在食物加热温度超过 120℃时，食品中的还原糖（如葡萄糖、果糖等）和某些氨基酸（主要是天冬氨酸）发生美拉德反应而生成丙烯酰胺。美拉德反应简单地讲就是食物颜色逐步变深并散发诱人香味的过程，比如烤肉、烤面包等。经过油炸、烧烤和烘焙的含有淀粉类碳水化合物的食品原料易产生丙烯酰胺，即使是蒸煮型加工，也有可能产生丙烯酰胺。食品中的丙烯酰胺含量受食品原料、加工烹调方式和条件等因素影响差异较大。通过饮水、吸烟也会接触到丙烯酰胺。

　　丙烯酰胺（Acrylamide）于 1994 年被世界卫生组织（WHO）国际癌症研究机构（IARC）列为 2A 类致癌物质，在该机构 2017 年 10 月 27 日公布的致癌物清单中，丙烯酰胺仍作为 2A 类致癌物质继续保留。该清单收录的致癌物共 380 种，含 2A 类 81 种、2B 类 299 种。2A 类致癌物的含义为：对人类可能致癌。即，此类致癌物对人致癌性证据有限，对实验动物致癌性证据充分。因此，尽管目前缺乏证据表明丙烯酰胺与人类某种肿瘤的发生有明显相关性，但仍然需要引起关注。

　　世界卫生组织（WHO）的关于食物污染物的报告，《食品中一些特定污染物的评估》（WHO technique report 959）表明，每天摄入不超过 180 微克 / 千克的丙烯酰胺对提高癌症患病率的风险无明显影响。以此为依据，对于 50 千克体重的人来讲，每天最多可以摄入不超过 9000 微克的丙烯酰胺。在食品添加剂与污染物联合专家委员会（JECFA）第 64 次会议中，披露了从 24 个国家获得的 2002~2004 年间食品中丙烯酰胺的 6752 个检测数据，其中咖啡及咖啡制品的平均含量为 0.509mg/kg，最高含量为 7.3mg/kg。

　　欧洲食品安全局（EFSA）在 2007~2009 年间抽查了 23 个欧盟成员国以及挪威的 10366 份食品，其中包括 816 份咖啡。研究结果表明：速溶咖啡中丙烯酰胺平均含量 591~595ppb，研磨咖啡中丙烯酰胺平均含量 225~231ppb。

　　根据以上数据折算，一杯通常意义上的咖啡中的丙烯酰胺含量大概在 3 微克左右，每日需要狂饮 3000 标准杯（每杯咖啡约 150ml 容量）才可能达到 WHO 建议的丙烯酰胺摄入限量，用我国的每日居民饮水建议量 1500~1700ml 来折算，合每日 265~300 杯（折算后，约为 450L 水），这么多的水要每天都喝完，绝对是个不可能完成的任务。

二、适度饮用没问题

根据现有的研究结论和科学证据表明，适度饮用咖啡并不会增加癌症的患病风险。2016 年，世界卫生组织（WHO）明确表示，咖啡不存在致癌危险。综合国际癌症研究机构、美国食品药品监管局、欧盟食品安全局、加拿大卫生部、澳新食品标准局等十余个国际权威机构的观点，咖啡可适量饮用。

国际癌症研究机构（International Agency for Research on Cancer, IARC）综合分析现有研究结果后指出，没有足够的证据表明饮用咖啡会增加人类患癌风险。在彻底审查了 1000 多项人类和动物的研究后，IARC 的工作组发现，饮用咖啡致癌没有充分证据。许多流行病学研究表明，饮用咖啡对胰腺癌、女性乳腺癌和前列腺癌没有致癌作用，还可以降低肝癌和子宫内膜癌的风险。

2017 年，国际癌症研究基金会（World Cancer Research Fund, WRCF）发布的报告也指出，目前没有证据表明饮用咖啡会导致癌症，同时部分证据显示咖啡能降低乳腺癌、子宫内膜癌及肝癌等某些癌症的风险。

一项综合了 59 项相关研究的荟萃分析项目在综合比对咖啡饮用习惯人群与每天不饮用咖啡或很少饮用咖啡人群的癌症

风险后发现，经常饮用咖啡可降低总体患癌风险：正常范围内每天每多喝 1 杯咖啡，可降低 3% 的癌症风险（RR：0.97；95%CI：0.96~0.98）；分组分析发现，饮用咖啡与膀胱癌、乳腺癌、咽癌、结肠直肠癌、子宫内膜癌、食管癌、肝细胞癌、白血病、胰腺癌和前列腺癌的风险降低有关。

总之，"咖啡致癌"是一个流传广泛的谣言，这种担心完全是多余的。但值得注意的是，别喝太烫的咖啡，经常性饮用 65 ℃以上的热饮会增加食道癌的患病风险。

三、咖啡与肝癌

2019 年的一项研究对现有观察性研究、荟萃分析、专家报道和综述进行了二次综述后指出，大多数的研究结果均显示饮用咖啡对肝癌风险有保护性作用并具有剂量反应关系，且不限定人群，不受肝炎病毒感染状况影响，每天多喝 1 杯咖啡可降低肝癌患病风险（RR：0.85；95%CI：0.81~0.90），并对肝脏酶和肝硬化具有改善作用。

另一项大型荟萃分析也得到了类似的结论，并且发现除肝癌外，饮用咖啡还能降低其他肝病的患病风险。饮用咖啡与不饮用咖啡相比，非酒精性成因的脂肪肝风险降低 29%（RR：0.71；CI：0.60~0.85），肝纤维化的风险降低 27%（OR：0.73；CI：0.56~0.94），肝硬化的风险降低 39 %（RR：0.61；CI：0.45~0.84）。

国际上也有团队对前瞻性队列研究进行了系统回顾和荟萃分析，研究了咖啡摄入与 12 项 HCC（原发性肝癌当中最常见的一种肝细胞癌的英文简称，3414 例）和 6 项 CLD（慢性肝病，1463 例）风险之间的关系，分别评估了经常饮用咖啡、少量饮用咖啡和大量饮用咖啡与不饮用或偶尔饮用咖啡人群的相对风险 RR（风险比，Risk Ratio），计算了每天增加一杯咖啡的总 RR，精确地量化了咖啡摄入与肝癌风险之间的负相关关系，并为 CLD 的负相关增加了证据。（表 3-5）

表 3-5　咖啡摄入与 HCC、CLD 的相对风险 RR 一览表

肝癌 HCC 的总 RRs	常规	0.66 [95% 可信区间（CI）: 0.55~0.78]
	低咖啡摄入	0.78（95% CI: 0.66~0.91）
	高咖啡摄入	0.50（95% CI: 0.43~0.58）
	每天增加一杯的总结 RR	0.85（95% CI: 0.81~0.90）
慢性肝病 CLD 的总 RRs	常规	0.62（95% CI: 0.47~0.82）
	低剂量	0.72（95% CI: 0.59~0.88）
	高剂量	0.35（95% CI: 0.22~0.56）
	每天增加一杯	0.74（95% CI: 0.65~0.83）

咖啡有助于预防肝癌，可能归因于其中的一些生物活性化合物，如咖啡因、绿原酸、酚类化合物和二萜类物质的影响，也与咖啡的抗氧化特性和抗炎特性有关。此外还可能是通过提高胰岛素敏感性降低了代谢综合征和糖尿病的风险，而糖尿病正是导致肝癌的因素之一。

四、咖啡与乳腺癌、卵巢癌和子宫内膜癌

乳腺癌是最常见的女性癌症风险，卵巢癌和子宫内膜癌也需要关注。有研究小组检索了 PubMed 数据库（截至 2016 年 6 月）的文献，将 40 篇关于乳腺癌和 32 篇关于卵巢癌和子宫内膜癌的研究纳入 meta 分析，其中乳腺癌患者 76748 例，卵巢癌患者 11411 例。研究发现，排除研究设计、地理位置或绝经期状态（均为癌症部位）、ER/PR 状态和身体质量指数（乳腺癌）或组织学类型（卵巢癌）的影响后，咖啡消费最高与最低的乳腺癌患者的联合 RR（95% CI）为 0.97（0.93~1.00，I2 5.5%），卵巢癌患者为 1.03（0.93~1.14，I2 31.9%）；乳腺癌（13 项研究）和卵巢癌（9 项研究）与脱咖啡因咖啡的相关相对比分别为 1.00（0.93~1.08）和 0.83（0.71~0.96）。研究结果表明，咖啡饮用数量与乳腺癌呈弱负相关性，与卵巢癌风险无相关性。研究指出，鉴于咖啡在世界范围内的高消费量，这些研究结果可能具有高度的公共卫生重要性。

国际癌症基金会在一份分析了全球 159 份研究的专家报告《饮食，营养，身体活动与癌症：全球视野》中，评估了过去十年的癌症预防研究以及饮食、营养、身体活动与癌症之间的联系，并表示有充分的证据表明，进行体育锻炼和饮用咖啡可降低子宫内膜癌的风险。（图 3-4）

2013	饮食、营养、体育活动和子宫内膜癌		
		降低风险	增加风险
有力证据	可信的		肥胖 1
	可能的	身体活动 2 咖啡 3	高血糖 成年超重 4
有限证据	有限作用		久坐 5
	尚无结论	谷物及其制品；水果；蔬菜；豆类（大豆及期制品）；红肉；肉制品；禽；鱼；蛋；乳和乳制品；膳食纤维；总脂肪；动物脂肪；饱和脂肪酸；胆固醇；茶；血糖指数；蛋白质；视黄醇；B- 胡萝卜素；叶酸；维生素 C；维生素 E；多种维生素；酒精；丙烯酰胺；膳食模式；哺乳	
有力证据	不太可能对风险产生实质性影响		

1 专家组将 BMI（18~25 岁）、腰围和成人体重增加作为体脂和脂肪分布的相关因素
2 所有类型的身体活动：职业、家务、交通和娱乐
3 这种效应在咖啡因主不含咖啡因的咖啡中都存在，但无法确定原因
4 成年人的身高不太可能改变癌症的患病风险。它是一种遗传标记。环境、激素和营养状况都会影响孕期的生长

图 3-4 《饮食，营养，身体活动和癌症：全球视野》专家研究报告
工具包截选 *

* 中文翻译未经原作者校对。

　　一项对 96663 名参与者、59018 例乳腺癌病例的荟萃分析发现，总体来说咖啡与乳腺癌没有显著关联，但在绝经后妇女中，咖啡和咖啡因的饮用量与乳腺癌风险成反比，并呈线性剂量 – 反应关系。每天多喝 2 杯咖啡可降低 2% 的乳腺癌患病风险；每天增加 200mg 的咖啡因摄入则可降低 1% 的乳腺癌风险。也有研究发现，对于用他莫昔芬治疗乳腺癌的女性，每天喝两杯或以上咖啡的比每天喝两杯以下的乳腺癌复发风险更低，且肿瘤体积较小、发生激素依赖性肿瘤的比例较低。

五、咖啡与其他癌症

一项大型前瞻性研究发现，与不饮用咖啡的人相比，每天喝 4~5 杯咖啡（HR：0.85；95%CI：0.75~0.96）和超过 6 杯咖啡（HR：0.74；95%CI：0.61~0.89）的人患结肠癌的风险更低，特别是近向性肿瘤的风险更低。另一项对 26 项前瞻性研究进行了系统回顾和荟萃分析发现，咖啡可降低男性和全部研究对象的结肠癌风险，但并未发现与直肠癌风险相关。脱咖啡因咖啡在男性和女性中对结肠直肠癌均具有保护作用。咖啡内含有多种促进结直肠健康的成分，除咖啡因外，二萜类物质可能发挥了一定作用。二萜类物质能减少几种遗传毒性致癌物的 DNA 加合物的形成，促进消除致癌物并改善抗氧化剂状态；多酚的抗氧化作用和类黑精促进结肠蠕动的作用都可能在预防结直肠癌中发挥效果。

针对新加坡华人健康研究的流行病学分析也发现，饮用咖啡可降低非黑色素瘤皮肤癌的风险，并存在剂量 – 反应关系。与每周饮用不到 3 杯咖啡的人相比，每周喝 3 杯及以上咖啡的人患基底细胞癌（HR：0.54；95%CI：0.31~0.93）和鳞状细胞癌的风险更低（HR：0.33；95%CI：0.13~0.84），且非黑色素瘤皮肤癌的风险随着咖啡因摄入量的增加而逐步降低。另一项研究对 37627 个非黑色素瘤皮肤癌病例进行分析，同样发现喝含咖啡因的咖啡与非黑色素瘤皮肤癌风险成反比，并对基底细胞癌的发展有适度保护作用，这可能是咖啡因等物质生物活性作用发挥的效果。

◊ 第三节 ◊

咖啡与慢性病

《中国居民营养与慢性病状况报告（2020 年）》显示，2019 年我国因慢性病导致的死亡占总死亡 88.5%，其中心脑血管病、癌症、慢性呼吸系统疾病死亡比例为 80.7%，抑郁症的患病率达到 2.1%，焦虑障碍的患病率是 4.98%。体重管理、癌症预防、心理健康和精神卫生防治将成为一段时期内的国家关注重点和统筹重点，而饮用咖啡在这方面的益处显而易见。

一、咖啡与 2 型糖尿病

随着生活水平提高和膳食模式的改变，全球糖尿病患病率呈现快速增长态势，不过，多项流行病学研究结果表明，规律性适量饮用咖啡可以降低 2 型糖尿病的患病风险，且不存在种族或者地域差异。

哈佛大学一项对 28 项前瞻性研究的荟萃分析显示，饮用咖啡（无论是否含咖啡因）可以降低糖尿病的患病风险，并且在每天 1~6 杯的范围内，糖尿病风险会随咖啡饮用量的增加而下降（图 3-5）。另一项针对 30 项前瞻性研究的荟萃分析也得出了类似的结论，并且表示每天每多喝 1 杯咖啡，糖尿病可降低 6%。也有研究发现，每天饮用 250ml 的咖啡代替含糖饮料可降低 21% 的 2 型糖尿病风险。

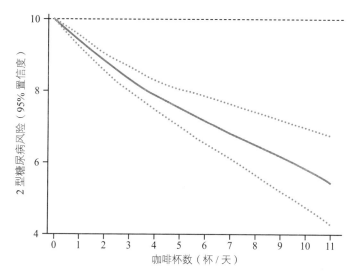

图 3-5　饮用咖啡的量与 2 型糖尿病风险

每天喝多少咖啡最有利于 2 型糖尿病预防呢？

中国营养学会指出，适量饮用咖啡（每天 3~4 杯）可能降低 2 型糖尿病风险。国际糖尿病联盟、美国糖尿病协会等机构认为，2 型糖尿病患者可以适量饮用咖啡，纯咖啡可以作为健康膳食的一部分。一项分析了饮用咖啡的种类和量与糖尿病患病风险之间关系的研究发现，过滤咖啡代谢物水平与 2 型糖尿病风险呈负相关，每天喝 2~3 杯过滤咖啡的人 2 型糖尿病患病风险更低。除了咖啡的种类和饮用量，咖啡豆及饮品状态、个人的健康状况以及生活习惯等都会影响糖尿病的发病风险。

咖啡为什么会有控制血糖和预防糖尿病的效果？咖啡中富含的多酚类物质可以延缓食物的消化速度，从而有利于降低血糖波动和峰值。绿原酸可以提高胰岛素敏感性，抑制 6- 磷酸葡萄糖激酶（参与血糖代谢重要的酶）的活性，减缓碳水化合物的消化，抑制肠道中葡萄糖的吸收，并增加周围组织对葡萄糖的吸收；绿原酸的一些代谢产物（如铁酸和异丙醇酸）也具有一定的平稳血糖的作用。咖啡富含镁（浓缩咖啡约 30 毫克 / 杯，美式咖啡约 7 毫克 / 杯），有研究表明，镁通过增加胰岛素敏感性对血糖代谢有积极的影响。

还有一些研究者认为，咖啡因会增加骨骼肌对葡萄糖的摄取，能够兴奋神经，提升代谢率，并通过促进脂肪分解而增加能量消耗，这样减肥的效果便可以间接降低糖尿病发病风险。此外，氧化应激和炎症反应在胰岛细胞功能障碍和糖尿病的发展过程起到了重要作用，而咖啡是很多抗氧化食物的重要来源，生物活性物质的抗氧化和抗炎作用也会在糖尿病预防中起到一定的效果。（图 3-6）

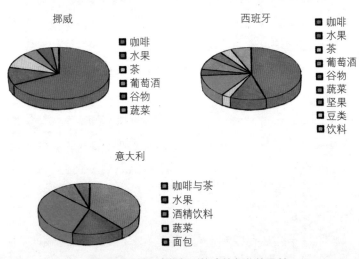

图 3-6　不同食物组对饮食抗氧化的贡献

现有研究证据表明，咖啡中同时含有咖啡因和绿原酸，通过影响脂质和葡萄糖代谢，对肥胖和 2 型糖尿病风险存在有益影响。

二、咖啡与心脏病

有人喝咖啡后会出现心跳加快等症状，也有人认为咖啡可提高心脏功能，帮助消化、分解脂肪。饮用咖啡与心脏健康到底是什么关系呢？

有荟萃分析发现，摄入纯咖啡因（药物形式）会导致血压的小幅上升；咖啡等含咖啡因的饮料则不会出现明显影响。前瞻性队列研究表明，饮用咖啡并不会增加高血压风险。研究发现，在无咖啡因摄入习惯的人群中，摄入咖啡因后会在短期内导致肾上腺素和血压水平升高，然而随着摄入次数的增加，机体会形成一定的耐受性。适度摄入咖啡因对心血管有一定的保护作用，可以改善健康人的微血管功能。

日本的一项研究显示，咖啡因可改善健康人的微血管功能，与不含咖啡因的咖啡相比，含咖啡因的咖啡能增强受试者手指的反应性充血，虽然血压有轻度升高，但不影响心率。也有研究表明，健康人喝含咖啡因的咖啡后，尿中的钠离子会增加，但血压和心率无明显变化。另有动物实验发现，咖啡因可通过促进尿钠排泄而对盐敏感性高血压起到拮抗作用。

咖啡是如何发挥其预防心血管疾病作用的？

可能与咖啡中含有的绿原酸、多酚等多种活性物质有关。研究发现，咖啡中的绿原酸能显著降低高胆固醇大鼠的甘油三酯、胆固醇和低密度脂蛋白水平，同时可升高高密度脂蛋白水平。此外，咖啡中多酚的抗氧化功能也可能通过调节糖脂代谢发挥抗血栓形成作用，进而改善心血管健康。

喝多少算"适量"？

研究发现，与不饮用咖啡的人相比，每天饮用 3~5 杯咖啡可降低 15% 的心血管疾病风险，每天喝 1~5 杯咖啡的人死亡风险更低；对于已经患有心血管疾病的人，饮用咖啡不会增加疾病复发和死亡风险。2014 年的一项针对 36 项前瞻性队列研究的荟萃分析发现，适度饮用咖啡可以降低心脏病风险，每天喝 3~5 杯咖啡时心脏病风险最低（图 3-7）。另一项对 21 项前瞻性队列研究的荟萃分析也得到了类似的结论：每天喝 3 杯咖啡可降低 21% 的心脏病风险。

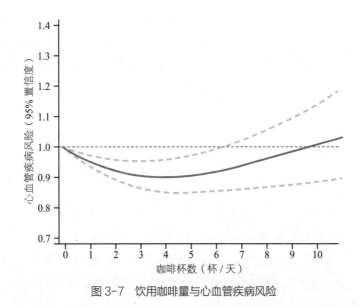

图 3-7　饮用咖啡量与心血管疾病风险

适度的咖啡因摄入（400~600mg/d）能够降低正常人心血管疾病患病风险，但高血压患者或高血压高危人群可能对咖啡因比较敏感，所以建议高血压患者谨慎饮用咖啡，根据自身实际情况作出取舍。

美国心脏病协会、欧洲心脏病学会、澳大利亚国家卫生和医学研究协会等权威机构经过研究认为，健康人适量饮用咖啡（每天1~2杯咖啡），不会增加患心脏病和心血管疾病的风险。心脑血管疾病患者也是可以饮用咖啡的。研究表明，对于冠心病患者，甚至是发生过心肌梗死的人，饮用咖啡并不会影响到他们的心功能，也不会加重症状。但值得注意的是，咖啡因敏感人群可能会出现头晕、恶心、心跳加速等类似"茶醉"的不适症状。建议消费者根据自身实际情况调整频次及饮用量。

三、咖啡与骨质疏松

咖啡对骨骼到底有怎样的影响？目前的研究结论中，积极、消极和无明确关联作用的结论同时存在。

"起到积极作用"的研究认为，骨密度与咖啡的代谢标记物水平成正比，或者说，饮用咖啡可能有助于骨骼健康。

"起到消极作用"的研究认为，咖啡因可能会通过增加钙排泄或减少钙吸收对人体的钙平衡产生不利影响。

"无明确关联"的研究认为，饮用咖啡与骨折并无关联，但具有一定的性别效应，即饮用咖啡会增加女性骨折风险和降低男性骨折风险。

中华医学会骨质疏松和骨矿盐疾病分会发布的《原发性骨质疏松症诊疗指南（2017 版）》指出，大量饮用咖啡、茶会影响钙的吸收，增加骨质疏松的风险。在钙摄入量不足的人群中，咖啡因可能会通过影响其他食物中钙的吸收效率而干扰钙平衡。然而也有资料指出，这种风险是可以通过每杯咖啡加入 1~2 汤匙牛奶来抵消。也就是说，虽然过多的咖啡因会增加骨质疏松的风险，但对于健康人来说，适量饮用咖啡是无需担心引发骨质疏松问题的。

国际骨质疏松协会、美国国家骨质疏松协会建议，对于健康成年人来说，每天的咖啡摄入量控制在 3 杯（每杯含咖啡因 100mg）以内是可以接受的。对于有骨质疏松症倾向的高危人群来说，可以采用在咖啡中加入牛奶，或者多喝牛奶来预防骨质疏松等问题。

需要注意的是，控制咖啡因的摄入量不应仅仅关注咖啡，还要适当控制含咖啡因食物或饮料的摄入量。预防骨质疏松还需要注意保持膳食平衡以确保足量的钙和维生素摄入，并进行适度的阳光照射和运动。

第四节

咖啡与不同人群

据统计，日本和韩国人均每年喝 200 杯咖啡，美国人均每年喝 400 杯，而欧洲人均每年喝 750 杯。与他国相比，我国

的人均咖啡消费量一直不高，加上国人的饮茶情节，咖啡一直
算是饮料中的插曲远远达不到平均每日一杯的水平，咖啡爱好
者们也最多和欧洲人均水平打个平手，至于超过每日 4 杯的忠
粉，则更是遍寻不易。不过，近年来咖啡消费增长迅速，咖啡
爱好者已不在少数，如何更好地饮用咖啡成为热门话题。

一、生理变化和心理变化

爱饮用咖啡的人通常都有这样的体验：最开始往往喝一
杯就能神清气爽一整天，养成习惯后却需要一天喝好几次才能
持续保持精神，这种情况是由于腺苷的变化带来的。腺苷是人
类大脑中的一种化学物质，它会在身体感到疲惫的时候发出信
号，通知我们需要休息。由于咖啡因这种小分子可以自由穿过
血–脑屏障，阻断腺苷的再吸收，使受体无法和腺苷相结合并
发出相应的疲惫信号（图 3-8），人们就容易保持精力充沛的
状态。饮用咖啡的习惯养成后，人体逐渐适应咖啡因阻断效应
的存在，但生理必需的疲惫报警功能并不会消失。神经系统认
为这种情况需要更多腺苷感受器来完成报警工作，当腺苷感受
器数量增加，需要阻断腺苷再吸收的咖啡因剂量也需要相应增
加，这就是长期饮用咖啡的人往往发现自己咖啡越喝越多的生
理原因。

咖啡作为日常饮品，其中的咖啡因含量只可能促使前额
皮层释放多巴胺，并不会诱导多巴胺在细胞核壳中的释放。有
关脑部扫描的科学研究表明，人们喜欢咖啡往往是源于味道、
香气和饮用体验，而并不认为它是一种行为兴奋剂。

咖啡因的机制

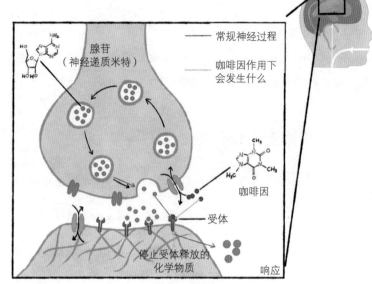

图 3-8 咖啡因阻断腺苷与受体结

咖啡引人喜爱的另一个原因是心因作用,当心理上的"欣悦感"经过强化,也会帮人"恋"上咖啡。

首先,咖啡的嗅觉与味觉记忆可以产生依恋作用,这种记忆来源于咖啡的香气,其神秘的吸引力一直让科学家们好奇不已。早在18世纪末,研究者就开始致力于发现咖啡中的挥发性香气成分,至今已确认的挥发性香气成分大约为1000种,主要包括烃类、醇类、呋喃类、噻粉类、噻唑类、醛类、酮类、酸类、吡嗪类、吡咯类、吡啶类、噁唑类等化合物。"滴滴香浓,意犹未尽""味道好极了",这些广告词道出了一个事实,咖啡通过丰富的嗅觉与味觉的美好感受对人进行了心因强化,喝过后会久久萦绕不去,好的咖啡甚至能让人迅速产生嗅觉与味觉记忆，并促使人们有意无意地去一次次重复"寻找"相同或类似的感觉。

其次，就像有人喜欢吃辣、有人喜欢跑步、有人喜欢唱嘹亮的歌曲一样，即使单凭"提神醒脑"的功能，也可以让很多人"爱"上咖啡。当人们在特别疲惫的时候，通过饮用咖啡，突然之间精神抖擞、思维敏捷，一下子完成了堆积的工作任务。再次处于相同情景时，会很自然地产生喝一杯咖啡的想法，长此以往，咖啡就成为工作的助力甚至生活习惯。

二、健康成年人该如何饮用咖啡

饮用咖啡一定要适量。对成年人来说，咖啡可以作为一种生活态度和生活情趣。健康成年人每天 3~5 杯咖啡是适宜的，但不同人对咖啡因的反应不同，建议人们初次尝试时小口啜饮，并根据自身情况合理掌握饮用频次和饮用量。

目前国际上没有统一的、关于咖啡适宜饮用量的标准，一般是以咖啡因的单位含量和咖啡杯容积来给出指导饮用量。不同国家对咖啡杯容积的定义也有不同，例如中国营养学会定义的每杯是 150ml，约含 100mg 咖啡因。综合美国食品药品监管局、欧盟食品安全局、加拿大卫生部、澳新食品标准局等机构的建议，健康成年人每天摄入 210~400mg 咖啡因（相当于 3~5 杯咖啡）是适宜的。

咖啡因具有一定的中枢神经兴奋作用，因此咖啡和茶都可以提神。不过人体对咖啡因的反应存在较大个体差异，对于敏感人群，建议根据自身情况酌情控制饮用频次和饮用量。比较科学的咖啡饮用量确定方式是：根据自己的健康状况、睡眠质量以及焦虑水平来综合判断需要饮用多少咖啡和饮用什么浓度的咖啡。

三、女性特殊生理期可以饮用咖啡吗

经期能饮用咖啡吗？

确实有人担心经期饮用咖啡是否导致痛经，不过目前并没有定论。曾有前瞻性研究追踪了 2426 名护士的数据，发现咖啡因摄入与经期综合征并无直接关系。就目前的研究结果来看，如果经期饮用咖啡后没有不良反应，就可以适量饮用。

怀孕后和哺乳期能饮用咖啡吗？

很多言论对孕期饮用咖啡持反对态度。对于孕妈来说，充足的睡眠不仅是自身健康的需要，也是胎儿生长发育的重要保障；同时，怀孕期间咖啡因代谢的半衰期也会有所延长，一个健康成人的咖啡因半衰期是 2.5~4.5 小时，而孕期最后三个月的咖啡半衰期会增加一倍以上，甚至可达 15 小时。所以，孕期饮用咖啡有可能引起神经兴奋从而影响睡眠。一项对 26 项研究的荟萃分析发现，咖啡因摄入会增加孕妇流产风险，每天每增加 150mg 的咖啡因摄入，流产风险就会增加 19%；在每天喝两杯咖啡的基础上，每多喝一杯咖啡，流产风险就会增加 8%。另一项荟萃分析也发现，增加咖啡因摄入会增加自然流产、死胎、低出生体重和小于胎龄儿的风险，但与早产风险无关。还有证据表明，怀孕期间水分需求增加，咖啡因的利尿作用可能不利于孕妈保持体内水分。

　　然而，也有数量可观的研究表达了对孕期适度饮用咖啡的支持。有荟萃分析认为，每天 2~3 杯的适量饮用并不会增加不孕、流产、早产、胎儿宫内生长受限等风险。有研究显示，咖啡因摄取和原发性不孕之间并无显著关联，即使每天增加 100mg 的咖啡因的摄取量，原发性不孕的风险也无显著提高。另一项研究也显示，没有足够的证据来证实或反驳孕期咖啡因摄入会对新生儿出生体重或其他妊娠结局有影响。

　　综合全球研究结果和科学共识，谨慎的做法是将孕期咖啡因摄入量限制在每日 200mg 以内。加拿大卫生部、美国妇产科学会、美国孕产协会等机构认为，孕期可以适量饮用咖啡，并建议每天摄入咖啡因不超过 150~300mg，大约是 2 个标准杯（235ml）的量。也有建议限制咖啡因摄入量在 200 毫克 / 天。

　　咖啡对孕期、胎儿和新生儿到底有哪些影响呢？

　　虽然咖啡因对孕妈和胎儿健康的影响还未最终定论，但学界的态度是谨慎的，不鼓励孕妇饮用咖啡和禁止过量饮用咖啡。如果饮用，每天最多不超过 2 杯，同时应当仔细关注身体和胎儿的反应，一旦发现睡眠质量受到影响或是胎动异常增加，则需要立即停止咖啡和其他含咖啡因饮料的摄入。如果在定期胎检时发现胎儿发育较慢，也要考虑减少或戒除含咖啡因的食品和饮料。

　　哺乳期妇女能饮用咖啡吗？

　　不建议哺乳期妇女饮用咖啡，因为咖啡因会通过乳汁进入到宝宝体内。但也有研究发现，乳汁有保护屏障，真正进入乳汁的咖啡因有限。每天 2~3 杯的咖啡饮用量，对妈妈和宝宝都是安全的。需要注意的是，对早产宝宝或因生病而导致肝脏代谢能力较差的宝宝来说，即使少量的咖啡因也可能造成伤害，且每个宝宝对咖啡因的敏感度也不一样，所以要根据宝宝和妈妈的实际情况进行取舍。建议哺乳期妇女在饮用咖啡 1~2 小时后再喂奶，适量增加饮水量以加快咖啡因代谢并保持体内水分充足。

四、未成年人能饮用咖啡吗

很多未成年人饮用咖啡的原因是追求"酷"或者潮流，也有部分人群把咖啡当作期末周、考场上提神醒脑的最佳"战友"。那么，未成年人真的适合饮用咖啡吗？

未成年人，特别是儿童最好不要饮用咖啡。研究发现，中学生的咖啡因摄入与自我评估的压力、焦虑和抑郁具有相关性，且具有一定的性别差异。也有研究分析了咖啡因摄入对 12~17 岁未成年人易怒、饥饿和头痛的影响。与对照组相比，每天摄入 2.32mg/kg 体重咖啡因后，头痛评分并没有显著变化，但经常大量摄入咖啡因的参与者（作者设定为 ≥ 50 毫克/天）比低摄入者明显出现更多的头痛症状。

目前还不能明确咖啡因对未成年人健康的影响，但如果未成年人的睡眠质量普遍较好，其清醒时的精神状态也会较好，绝大多数是不需要通过咖啡来提神的。众所周知，人类的神经系统（包括大脑）在整个童年期间持续发展和成熟，神经系统的长期发育可能使儿童对咖啡因的任何不利影响更加敏感，而且儿童肝、肾的发育尚不完全，咖啡因的代谢能力不如成人，也可能导致咖啡因代谢的半衰期延长。此外，未成年人的自制力还比较有限，一不小心因为贪恋咖啡的美味而饮用过量，则很可能导致睡眠质量不佳、焦虑等症状，严重时还可能对孩子的性格、心理等产生不利影响。家长可以帮助孩子控制包括咖啡、茶及其他含咖啡因饮料的摄入。美国儿科学会的建议是未成年人不饮用咖啡。

美国食品药品监管局、加拿大卫生部、欧盟食品安全局、澳新食品标准局等机构认为，未成年人每天的咖啡因摄入不超过 2.5~3mg/kg 体重是安全的，以体重 30kg 的儿童为例，每日总摄入量不宜超过 75~100mg 咖啡因。

日本咖啡协会指出，年纪在 12 岁以上且体重超过 50kg 的孩童，一天喝一杯咖啡基本上并无大碍；6 岁以上的孩童，饮用咖啡的量可减至成人的 1/4，并建议再多添加一点牛奶。文章还指出，咖啡不会对小孩的成长有直接影响，只是不管成人还是儿童，都会因咖啡因的兴奋作用，导致心跳加快或处于亢奋、睡不着的状态，这在儿童身上尤其明显。

未成年人与咖啡，怎样才是正确的打开方式？

比较安全的做法是，12 岁以下儿童尽量避免摄取咖啡因，12 岁以上的孩子也尽量少喝或不饮用咖啡，多喝白开水、牛奶是更安全、健康的做法。如果必须通过摄入咖啡因来提神醒脑，建议尽量选择黑咖啡或茶，因为功能饮料中除咖啡因外，还添加了大量糖，摄入过量还会增加肥胖等健康风险。对于孩子的健康，充足睡眠其实比一时的学业更重要，应该让孩子们保持良好心态，注意休息与营养的搭配。

五、老年人能饮用咖啡吗

很多国家都没有特别强调咖啡饮用年龄的问题。比如，欧盟在做咖啡饮用的相关研究时，通常将 40~69 岁、40~79 岁的人群都列为研究对象，但欧盟在咖啡因膳食研究中，通常将年长者划为"上年龄组"（≥ 65，< 75 岁）和"高龄组"（≥ 75 岁），后文将借鉴这种分组方式。

对于具有长期饮用习惯的上年龄组（≥ 65，< 75 岁，以下同）人群，可以继续按自己的习惯饮用咖啡，但要经常关注自身状况，必要时进行调整，减少饮用或不饮用。具有长期饮用习惯的高龄组（≥ 75 岁，以下同）则要减少咖啡饮用量甚至逐渐停止饮用咖啡。对于没有饮用咖啡习惯的上年龄组人群偶尔饮用咖啡不用担心可能引发健康问题，作为一种饮料，偶尔尝试咖啡，除了饮食享受外，也能给生活增加一丝情趣。高龄组也是如此，不用坚持一口咖啡都不喝。健康的上年龄组人群，可以根据意愿自主选择是否培养饮用咖啡习惯，如果饮用，建议从少量尝试开始，可以逐步适量增加，但无论如何不要超过成年人每日 3~5 杯的建议量。对于没有饮用咖啡习惯的高龄人群，不建议培养咖啡饮用习惯。

老年人肠胃普遍较弱，喝咖啡要注意不宜过浓；宜热饮不宜冷饮；患有溃疡病不宜喝，以免咖啡刺激胃酸分泌引起溃疡病加重；饮用时间宜早不宜晚；饮酒后不宜喝咖啡，咖啡不是"醒酒"用品；患有糖尿病的老年人不宜在咖啡中加糖。老年人属于钙缺乏高危人群，常饮咖啡者应同时注意补钙，"牛奶＋咖啡"是比较好的选择。

总之，上年纪后要注意关注自身健康状况，合理、适量饮用咖啡。

六、不喝咖啡难不难

适量饮用咖啡并不会导致人体对咖啡因产生依赖。有研究表明，资深饮用者在突然戒除咖啡时，可能会出现一些短期的不适应现象，如头痛、嗜睡等，这些症状一般在停止摄入咖啡的 12~24 小时后开始，在 20~48 小时后达到峰值，随着时间的继续推移会逐渐消失。经过这段时间后，不喝咖啡也不会有什么问题。

如果没有咖啡就无精打采、无心工作，就要引起重视了。虽然靠咖啡可以维持保满的工作精力，但就长远而言，疲乏的最佳选择是休息放松，一味借力于不停地饮用咖啡来保持清醒，反而会造成很多生理问题。过量饮用咖啡可能引起恶心、腹泻、焦虑和失眠等情况，每天饮用咖啡超过推荐量的人群，确实应该根据身体状况适量减少摄入，先尝试打破原先的饮用频率，慢慢拉长饮用时间的间隔，每次饮用逐步减少咖啡的摄入量，都是非常好的选择；也可以改为饮用低因咖啡或无咖啡因。经过这样的转变，从生理上讲，大脑会感受到刺激强度减轻，腺苷酸受体的数量也会慢慢减少，当腺苷酸受体的数量恢复到最初时，不喝咖啡就不会影响到工作效率了。

◧ 第五节 ◧
营养健康大咖们谈咖啡

本节汇集了国内部分营养健康大咖们关于咖啡的文章，一并奉献给广大读者参考。

一、喝咖啡到底是否有益健康？每天喝几杯？喝咖啡前应该知道的真相

原创　阮光锋

在中国，喝咖啡越来越流行了。随便开个会，会议休息都是咖啡，很多人上班也会随手买一杯咖啡。随着人们对健康的关注，喝咖啡是否健康也经常被人们讨论。

有人说咖啡有益健康，可以预防心血管疾病，还能抗癌；但也有人说咖啡不健康，咖啡因会上瘾，还有致癌物丙烯酰胺，喝了既上瘾还致癌。

喝咖啡对健康到底是好是坏呢？

☕ 咖啡成分大揭秘

分析一种食物是否健康，就得从他的营养成分说起，咖啡也不例外。

1. 咖啡中的好东西

说喝咖啡健康的人会从咖啡中找到很多有益健康的物质。

咖啡是咖啡豆的提取物，其中的成分不下几百种。咖啡中的成分主要包括蛋白质、维生素、多酚类化合物（如绿原酸、奎宁酸等），生物碱类化合物（如咖啡因、可可碱）、咖啡因、脂肪类物质（咖啡醇、咖啡豆醇等）。

（1）脂肪：咖啡中含有脂肪类物质，如咖啡醇等，这是咖啡香味的主要来源。你喝咖啡时闻到的那股香味都是拜它所赐。

（2）多酚和生物碱：咖啡中的好东西首推多酚类化合物和生物碱类化合物，这些物质有很好的抗氧化作用，能够清除人体内的自由基，对人体心血管健康等有一定的促进作用，所有的咖啡的健康益处主要来自这些抗氧化物质，尤其是经过烘炒的咖啡豆，抗氧化剂的含量会增高，而抗氧化剂是有助于心血管健康的。

围绕咖啡与心血管，科学家进行了很多研究，不少研究都发现，咖啡饮用量与心血管事件发生风险降低和心血管疾病死亡率降低之间存在一种剂量相关的保护作用，适当饮用咖啡能降低慢性心血管疾病的长期风险。

2. 咖啡中的坏东西

（1）双萜烯类化合物：双萜烯类化合物会增加心血管疾病的风险。好消息是，双萜烯类化合物可以被咖啡纸滤掉，所以，大家平时喝咖啡的时候可以过滤后再喝，至于那些未经过滤的咖啡或者用金属网过滤的就尽量少喝吧。

（2）丙烯酰胺：咖啡在制作过程中都需要对咖啡豆进行

烘烤，会产生丙烯酰胺。从 24 个国家获得的食品中丙烯酰胺检测数据表明（2002~2004 年），咖啡及其制品是丙烯酰胺含量最高的三类食品之一，而大剂量的丙烯酰胺在动物实验中显示了致癌的可能。

（3）妨碍矿物质吸收：除此之外，咖啡还会影响人体对一些矿物质的吸收。

喝一杯咖啡，则早餐中铁的吸收会减少 39%，即使是在早餐后 1 小时再饮用咖啡，铁的吸收仍然受到影响。咖啡对钙的吸收影响更为严重。

咖啡不但影响钙的吸收，还会增加钙通过尿液的排泄。有研究发现，相比不饮用含咖啡因饮品的女性，每天喝 2 杯以上咖啡的女性，她们发生骨折的风险要高出。

所以，如果有骨质疏松症状，每天的咖啡因摄入就不要超过 300mg（相当于 2、3 杯咖啡），老年女性很容易出现骨质疏松，还是注意少喝。

𝅘 咖啡因到底安全吗？

咖啡中最有争议的物质当属咖啡因。

咖啡因能刺激神经兴奋，所以咖啡的作用首先就是"提神"，很多运动饮料中也会添加咖啡因。不过，关于咖啡因的安全性一直也有很多争议。

很多人为了提神，每天就会喝很多咖啡，但是一些研究发现，喝太多咖啡、摄入太多咖啡因也有不良反应。研究发现，如果每天喝太多咖啡（比如 6 杯以上），可能导致上瘾，对咖啡的敏感性下降，又会进一步喝得更多。喝太多，可能会导致失眠、紧张、胃部不适、恶心、呕吐、心率与呼吸加快、头痛、耳鸣都等症状。

那么，咖啡因到底是否安全呢？

2015 年，欧洲食品安全局（EFSA）对咖啡因进行了综合评估，结果认为，正常成年人每天摄入咖啡因 400mg 是没有安全问题的，相当于 5 杯咖啡。

而中国人人均每年仅消费 4~5 杯咖啡。所以，目前来看我们并不用太担心咖啡因会对我们产生不良影响。

但是有些人由于工作原因，会大量喝咖啡来提神，比如有些人一加班就要连着喝 7、8 杯咖啡，这就需要注意点了。

另外，欧洲食品安全局也提醒公众，每天摄入 100mg 咖啡因就可能影响人的睡眠（大约是 1 杯咖啡）。所以，如果不希望影响睡眠，最好就不要喝咖啡了。

◗ 咖啡，致癌还是抗癌？

既然咖啡中既有好的东西，也有不好的东西，那么，咖啡到底是有益健康，还是有害，就要看两方的博弈了。

有些研究发现喝咖啡与膀胱癌似乎相关，1991 年，国际癌症研究中心（IARC）将咖啡评为 2B 类致癌物（可能使人致癌）。

20 多年过去了，科学家们并没有停下对咖啡进行研究的脚步。好消息是，去年（2016 年），世界卫生组织（WHO）组织科学家重新评估了这些年累积下来的更加可靠的数据。结果发现，没有确切证据表明膀胱癌和咖啡之间真有相关性。

科学家们指出，过去那些研究发现的相关性可能实际上来自吸烟这个混杂因素：吸烟和大量喝咖啡是相关的，烟草又会增加多种癌症风险，如果没有充分排除吸烟因素，癌症可能就会被赖到咖啡头上。

因此，WHO就将咖啡从2B类致癌物（Possibly carcinogenic to humans，可能对人类致癌）中移除，挪到了第3类中（Not classifiable as to its carcinogenicity to humans，不会对人类致癌）。不过，WHO也评估认为，太烫的饮料（超过65° 会增加癌症风险）是2A类致癌物（很可能使人致癌）。

还有些人说喝咖啡可以抗癌。的确有一些研究发现，喝咖啡的人群罹患一些癌症的风险可能还比其他人更小。但是目前的研究证据还是太少，我们还无法下这样的结论，更不能推荐大家为了抗癌而喝咖啡。

所以，咖啡党还是可以放心享用咖啡的，当然，别太烫哦。但是，你也别指望喝咖啡能抗癌。

总的来说，咖啡中既有有益健康的多酚抗氧化物质，也存在可能不利健康的双萜烯类化合物、丙烯酰胺等；它能有益心血管，但也会妨碍人体对营养的吸收。

不过，目前并没有证据显示咖啡使人致癌，我们也不能指望喝咖啡能防癌，正常人每天4~5杯咖啡完全没问题。

二、美国加州法院判定星巴克咖啡致癌？到底还能不能喝咖啡

原创　阮光锋

咖啡已经越来越受大家喜爱。

这两天，一条消息在朋友圈内疯转。消息称，美国加州一个法院裁定，根据加州 65 号提案，星巴克及其他咖啡公司必须在加利福尼亚州出售的咖啡产品上贴上癌症警告标签，因为咖啡里含有致癌物——丙烯酰胺。大量媒体在报道时称，星巴克最大丑闻曝光，咖啡里竟然都是致癌物。

这是怎么回事？还能放心喝咖啡吗？

🅲 65 提案是什么？

"加州 65 号提案（以下简称加州 65，Prop. 65）"全称是"1986 年饮用水安全和毒性物质执行法"，隶属于加州实施的"健康与安全法典（Health and Safety Code，简称 HSC）"，此提案为了通过对产品中有毒有害物质的管控，达到保护水资源和人身健康的目的。

加州 65 共有十几条条款，其核心条款是：（1）禁止因产品含有州政府明文规定的已知会致癌、致畸和影响生殖系统物质（简称"三致"物质）而污染饮用水资源。（2）在人们接触到该产品之前必须获得明确、清晰的警示。（3）州政府必须提供一份"三致"物质的清单。这一清单会不定时更新，至今已涵盖约 900 多种物质。

只要产品中含有清单中的物质，又没有给予明确、清晰的警示，如果企业雇员数超过 10 人，就构成违法。一旦发现，就会被起诉，如果企业不能证明与致癌无关，通常都会输掉诉讼。

🍵 含有 65 提案中的物质，就说明产品有害吗？

其实，即使产品中含有 65 号提案中的物质，也并不代表这种产品不合格或者有安全问题。

在加州 65 提案官网问答中，它明确的回答：65 号提案提示的物质并不代表这个产品是不符合安全标准或者要求的。意思其实就是说，它只是提示你含有这种物质，但并不代表这种产品有害。

实际上，加州 65 提案的本质是维护消费者知情权，它要求产品必须标明其产品中是否含有加州 65 提案管制化学品目录中的物质；明示所接触到的物质的属性、可能遭遇的危害，以及一旦接触后应如何处理的信息。

🍵 什么是丙烯酰胺？

丙烯酰胺是由"还原糖"（比如葡萄糖、果糖等）和某些氨基酸（主要是天冬氨酸）在油炸、烘焙和烤制过程中，通过"美拉德反应"产生的。

美拉德反应大家可能感觉很陌生，但其实它在我们生活中随处可见，比如烤肉、烤面包等，这么香、颜色那么诱人，都是美拉德反应的作用。

要知道，食物里基本都有碳水化合物和蛋白质，在加热过程中都不可避免的会产生丙烯酰胺。所以，我们平时吃得很多食物中都有丙烯酰胺，比如薯片、薯条、油条、油饼中都有。

咖啡是用咖啡豆经过烘焙做出来的，自然难以避免会有丙烯酰胺；甚至我们喝咖啡时加入的黄糖也有，因为它是白糖加热做成的。

🎵 丙烯酰胺致癌吗？

丙烯酰胺的确是一种潜在致癌物，大量动物实验表明，丙烯酰胺具有一定致癌性；并且能够造成神经系统损伤，影响婴儿早期发育，危害男性生殖健康。

但是，目前并没有足够证据显示它会导致人类癌症，正因如此，世界卫生组织（WHO）评估后将它定位 2A 类致癌物，也就是可能使人致癌。

🎵 我们到底吃了多少丙烯酰胺？会不会有问题？

大家最关心的还是我们吃进去了多少丙烯酰胺。

从 24 个国家获得的数据表明（2002~2004 年），丙烯酰胺含量较高的三类食品平均值从高到低是：咖啡及其类似制品，平均含量为 0.509 mg/kg，最高含量为 7.3 mg/kg；高温加工的土豆制品（包括薯片、薯条等），平均含量为 0.477 mg/kg，最高含量为 5.312 mg/kg；早餐谷物类食品，平均含量为 0.313 mg/kg，最高含量为 7.834 mg/kg。

而且，由于饮食习惯不同，每个国家的数据也有差异，比如我国香港的数据显示，薯片中的丙烯酰胺含量最高，为 1500~1700μg/kg。

虽然从数据来看，一些食物中的丙烯酰胺含量还不低，但其实我们总体上吃进去的丙烯酰胺并不多。

世界卫生组织（WHO）估计平均水平是每人每天

20~30μg，我国的平均摄入量大约是 18μg（以 60kg 体重计），这个摄入量总体来说是很安全的，不用太担心。

🍵 还能放心喝咖啡吗？

咖啡丙烯酰胺含量确实很高，达到 700μg/kg。不过，这个量是咖啡粉的含量呀。

而我们在喝咖啡的时候，一般一杯咖啡就用一小勺，用的咖啡豆或者咖啡粉也就有 3~4g 咖啡，所含的丙烯酰胺通常不超过 5 微克，这个量就非常低了，喝一两杯咖啡根本不足为虑。

实际上，目前也有很多科学家对咖啡是否致癌进行了研究，但其实都没有高质量证据显示其致癌，正因如此，2016年世界卫生组织（WHO）最新的评估，由于致癌性证据不足，咖啡还被从 2B 类致癌物（possibly carcinogenic to humans，可能对人类致癌）中移除，挪到了第 3 类中（Not classifiable as to its carcinogenicity to humans，不会对人类致癌），也就是说，咖啡并不会使人致癌。

三、咖啡可减肥，怎么喝

原创　钟凯

中国成年人超重和肥胖的比例超过 50%，网络上减肥话题总是热度值爆满。在年轻人里，各种奇怪的减肥方法层出不穷，经常能看到网友引经据典和分享减肥经验，喝咖啡就是其中一种。喝咖啡真的能减肥吗？哪种咖啡效果最好？

1. 要命的"瘦身咖啡"

减肥无非就是吃得少、动得多，但总有些人相信"神奇食物"可以让人"躺着减肥"。有个"瘦身咖啡"曾经在网络上卖了上百万份，被称为"网红黑咖啡"，据说喝了它还真能减肥，然而后来警方查出是添加了西布曲明。8元成本卖到298元。

西布曲明是一种严禁添加到食品和保健食品中的药物，常见于各类违法的减肥产品，主要作用是抑制食欲，但有很大的副作用，轻则厌食、失眠，重则肝损伤甚至死亡。所以我们在选择减肥产品的时候一定要多加小心，不要在网上买那些来源不明、宣传夸张的产品。根据我的经验，减肥效果好的，要么偷偷加药，要么变换方法忽悠你饿肚子。

2. 出口转内销的"防弹咖啡"

早上一杯"防弹咖啡"，这是从西方传过来的减肥方式，据说很受硅谷精英们的追捧。它的灵感来自西藏的酥油茶，这个名字也许是借鉴了好莱坞电影《防弹武僧》。

这种"来自东方文明的神秘力量"，实际上可以理解为美式黑咖啡＋黄油或椰油，有些还加了点蛋白粉，原理和被某些人吹上天的"生酮饮食"一样，是高脂肪、低碳水供能模式。

生酮饮食最早用于某些神经系统疾病的治疗，比如癫痫、阿尔茨海默症等，并不适合所有人，尤其是三高人群、未成年人、孕妇、乳母等。而生酮饮食的副作用很明显，比如焦虑、易怒、便秘、脱发以及营养失衡，严重时可导致酮症酸中毒，所以没有专业营养指导的生酮饮食弊大于利。此外，生酮饮食

需要控制一日三餐的碳水，如果只是早上一杯"防弹咖啡"不会有明显减肥效果。相反，由于缺乏碳水化合物的滋养，你一上午都会脑子转不动，毕竟它只需求一种东西，那就是葡萄糖。

3. 咖啡减肥的正确姿势

咖啡不是减肥药，但它能否成为减肥的帮手呢？当然是可以的。很多科学证据表明，喝咖啡能一定程度上降低慢性病发病率，这其中有一部分是"占位效应"的功劳。当你选择不加糖的美式咖啡或拿铁，喝进去的不仅仅是咖啡的成分，还有水和牛奶，这样就会挤占其他不健康食品和饮料的空间。

其次，咖啡因可以让中枢神经兴奋，提高运动表现，如果配合有氧运动能更高效的燃脂。同时咖啡因有一定的利尿作用，身体排出多余水分也会显得瘦，不过这种效应是暂时的，通常是用在健身房凹造型的时候。另外需要提醒的是，咖啡喝多了也不好，每天3~5杯（标准咖啡杯）是利大于弊的。加糖或奶盖的咖啡以及和咖啡搭配的小甜点都属于高能食物，应注意适当控制。减肥的本质是以饮食为核心的生活方式的改变，咖啡本身不能减肥，它只能作为健康饮食的组成部分和其中的一个选择。

四、孕妇不能喝咖啡？咖啡导致骨质疏松？咖啡致癌？只有一个是真的

原创　钟凯

咖啡是将咖啡豆经过烘焙、研磨、冲泡等工艺制成的饮

料，有悠久的饮用历史，是世界上流行范围最为广泛的饮料之一。

数据显示，日本和韩国人均每年喝 200 杯咖啡，美国人均每年喝 400 杯，而欧洲人均每年喝 750 杯。

我国的人均咖啡消费量虽与上述国家或地区相比低得多，但喝咖啡的人群增长迅速，咖啡爱好者已不在少数。

到底每天喝多少咖啡合适？孕妇能不能喝？儿童未成年人能不能喝？喝咖啡会不会致癌？会不会骨质疏松？会不会影响睡眠？

为回答这些疑问，国内相关机构的专家汇总了国际癌症研究机构、美国食药局、欧盟食品安全局、加拿大卫生部、澳新食品标准局等 10 余个国际权威机构对数百项咖啡研究的综合分析，给出了参考建议。

总体结论：咖啡可根据个人情况适量饮用。

总体而言，目前咖啡有益健康或无害健康的研究证据远多于咖啡有害健康的证据。综合国际权威机构的观点，咖啡可适量饮用。

不同人对咖啡因的反应不同，建议大家初次尝试时小口啜饮，并根据自身情况，合理掌握饮用频次和饮用量。

1. 健康成年人每天 3~5 杯

对于咖啡的适宜饮用量，目前国际上没有严格统一的标准，一般是按照咖啡因的量和咖啡杯来计算。

不同国家对咖啡杯的定义也有不同，例如中国营养学会定义的每杯是 150ml，约含 100mg 咖啡因。

综合美国食品药品监管局、欧盟食品安全局、加拿大卫生部、澳新食品标准局等机构的建议，健康成年人每天摄入不超过 210~400mg 咖啡因（相当于 3~5 杯咖啡）是适宜的。

不建议孕妇喝咖啡，如果饮用，每天不超过 2 杯。

外国人大多有喝咖啡的习惯，即使怀孕也难以割舍，如何权衡呢？

加拿大卫生部、美国妇产科学会、美国孕产协会等机构认为，孕期可少量饮用咖啡（每天不超过 150~300mg 咖啡因，约 2 杯）。

当然，不应鼓励孕妇喝咖啡，如果准妈妈决定暂时跟咖啡拜拜也应该支持。

2. 儿童及未成年人应当控制咖啡因摄入

总体而言，儿童和未成年人应当控制咖啡因摄入，家长可以帮助孩子控制，咖啡因的来源包括咖啡、茶及其他含咖啡因饮料的摄入。

美国儿科学会的建议是儿童和未成年人不喝咖啡。

美国食品药品监管局、欧盟食品安全局、加拿大卫生部、澳新食品标准局等机构认为，儿童和未成年人每天的咖啡因摄入不超过每千克体重 2.5~3mg 是安全的。（对于 30kg 重的儿童和未成年人来说，为 75~100mg 咖啡因）

需要提醒的是，一些运动能量饮料的咖啡因添加量相当大，未成年人熬夜玩耍喝多了对身心健康不利，如果配上酒精，危害更大。

3. 咖啡与癌症

关于咖啡致癌的传说，主要是来自其含有的丙烯酰胺，但这种物质并非咖啡独有，而且人们摄入的丙烯酰胺主要也不是来自咖啡。

2016 年，国际癌症研究机构（IARC）对现有研究进行综合分析后认为，并没有足够的证据显示喝咖啡会增加人类癌症的风险。

2017 年，国际癌症研究基金会（WRCF）发布的报告指出，目前并没有证据显示喝咖啡会使人致癌。

同时有部分证据表明，咖啡能降低某些癌症的风险，例如乳腺癌、子宫内膜癌及肝癌。

虽然不能说咖啡可以抗癌，但至少说它致癌有点冤枉。

4. 咖啡与心脏病和心血管疾病

有的消费者对咖啡因敏感，喝了之后会出现心跳加速、恶心、头晕等不适感，类似"茶醉"的现象，因此怀疑可能会诱发心脏病。

美国心脏病协会、欧洲心脏病学会、澳大利亚国家卫生和医学研究协会等机构均认为，健康成年人适量饮用咖啡（每天 1~2 杯）不会增加患心脏病和心血管疾病的风险。

但需要提示的是，虽然并没有官方结论说有心脏病的人不能喝咖啡，但大家还是需要根据自身情况调整饮用频次及饮用量。

5. 咖啡与糖尿病

中国营养学会的《食物与健康——科学证据共识》指出，适量饮用咖啡（每天 3~4 杯）可能降低 2 型糖尿病风险。

国际糖尿病联盟、美国糖尿病协会等机构认为，糖尿病患者可以适量饮用咖啡，纯咖啡可以作为健康膳食的一部分。

我觉得可能的解释是，喝咖啡的人喝其他含糖饮料的量就会减少，因此喝不加糖的美式咖啡应该更健康一些。

当然，糖尿病患者喝咖啡时，应当少加糖或不加糖，可以使用代糖。

6. 咖啡与骨质疏松

健康成年人可适量喝咖啡，但过多的咖啡因会增加骨质疏松的风险。

比如中国《原发性骨质疏松症诊疗指南》提示，大量饮用含咖啡因饮料会增加骨质疏松的风险。

国际骨质疏松协会、美国国家骨质疏松协会也认为，每天的咖啡摄入量控制在 3 杯以内为宜。

对于骨质疏松患者来说，除适当控制含咖啡因饮料的摄入量，还应当保持膳食平衡以确保足量的钙和维生素摄入，辅以适度的运动和阳光照射。

7. 咖啡与睡眠

咖啡因具有一定的中枢神经兴奋作用，因此咖啡和茶都可以提神。

不过人体对咖啡因的反应存在较大个体差异，比如我喝完咖啡依然犯困，而有的人上午喝咖啡到晚上都睡不着。

对于敏感人群，建议根据自身情况酌情控制饮用频次和饮用量即可。

五、有研究说起床后不久喝咖啡对身体不好？其实是这么回事

原创　云无心

有媒体报道，来自英国巴斯大学的一项研究显示：早上第一件事就喝咖啡，可能会损害人们的长期健康；如果是吃完早餐后再喝，则可能对健康更好。

早餐前还是早餐后喝咖啡，真的有这么大差异吗？

1. 那项研究说了什么？

巴斯大学的研究者确实发表了那么一项研究。

研究者找了 29 位身体健康的志愿者，在三种情况下让他们做血糖耐受测试。这三种情况分别是：

（1）一晚上的正常睡眠之后。

（2）一晚上每个小时被打断 5 分钟的睡眠之后。

（3）一晚上每个小时被打断 5 分钟的睡眠之后，喝一杯纯黑咖啡。

在这 3 种情况下进行的血糖耐受测试显示，第 1 种和第 2 种情况下的结果没有明显差异。也就是说，在这个实验室中，睡眠质量并没有对血糖代谢产生影响。

而第 3 种情况下，血糖测试结果比前两种情况明显要差。总体而言，人体对血糖的耐受性大约降低了 50%。

这项研究说明的是：在质量不佳的睡眠之后，再摄入咖啡，会破坏人体血糖的耐受能力。

需要注意的是，这项研究探索的只是喝下咖啡之后的"即

时效应"，并不涉及长期如此的影响；另外，探索的是"低质量睡眠"之后的影响，并没有探索在正常睡眠之后是否有同样的影响。

2. 咖啡对血糖到底有什么样的影响？

这项研究探索的"低质量睡眠之后空腹喝咖啡"这种特定情况下对于血糖的影响。

通常情况下的咖啡，对于血糖有什么样的影响呢？

相关的研究并不少，2019 年发表的一篇论文综述了对这个问题的研究。

汇总公开发表的相关研究，综述的结果显示：咖啡因对血糖影响的短期效应（1~3 小时）和长期效应（2~16 周）并不相同。在短期研究中，咖啡因会增加血糖曲线下面积，也就是血糖反应更大；而在长期研究中，咖啡因会提高血糖代谢和胰岛素响应。

也就是说，喝咖啡对于血糖的"急性效应"是不利的，但长期效应却是提高了血糖代谢从而有利健康。

巴斯大学的那项研究考察的是"短期效应"。根据这篇综述的结果，喝完咖啡之后进行血糖耐受测试，结果本来就会更高——这个结果，并不依赖于睡眠质量与吃饭时间存在。那么，这个"低质量睡眠后喝咖啡不利血糖代谢"的"短期效应"，长期这么喝之后是累加起来更加不利呢，还是跟常规摄入咖啡因一样"长期效应是提高了血糖代谢和胰岛素响应"从而有利于健康？这项研究并不能回答这个问题，而媒体报道中是把前一种"可能"当作了"结论"来传播。

3、咖啡对糖尿病人影响不同

前面的研究结果都是针对健康人群的。目前的科学共识是：适量饮用咖啡，有利于降低 2 型糖尿病的风险。

但是对于已经患病的 2 型糖尿病人，情况就有所不同。对于糖尿病人来说，控制血糖是关键。而咖啡因可能升高血糖，对于糖尿病人是不利的。所以，对于"糖尿病人以及需要控制血糖的人群"，限制咖啡因的摄入量可能是有利的。

六、咖啡，速溶和现煮，有啥不一样
原创　云无心

每次讲解咖啡对健康的影响，都会有人问：速溶咖啡呢？

问者希望的答案是简单粗暴的"也一样"或者"不一样"。但事实不是如此简单，原因有二。

（1）速溶咖啡跟现煮咖啡确实有一定的不同。

（2）人们所说的"速溶咖啡"，尤其是中国市场上的"速溶咖啡"，跟科学文献中说的"速溶咖啡"，往往不是一种东西。

先来说一下咖啡是符合实现"速溶"的。

咖啡就是咖啡豆的提取物。生的咖啡豆经过 165°C 以上的高温烘焙，发生复杂的反应，会生成许多香味物质。这跟茶的各种"提香"工艺本质相同。烘焙之后的咖啡豆可以直接销售，在煮之前"现磨"；也可以磨成咖啡粉再销售，消费者直接使用。不管是哪种，现煮咖啡就是用热水把咖啡粉中的可溶性物质萃取出来。这跟泡茶其实是一样的。

速溶咖啡是用磨好的咖啡粉制取的。现煮咖啡是用开水去萃取，而速溶咖啡用的是高压热水，水温可达 175 ℃。温度高，萃取速度会更快，萃取率也会更高。不过，萃取出来的物质组成跟现煮咖啡会有一些不同。

这些萃取液被脱水干燥，就得到了可溶的粉末。最简单的干燥方式自然是加热蒸发。不过这种方式操作不便，而加热过程中会损失掉一部分香味物质。

在工业上，常用的两种干燥方式是真空冷冻干燥和喷雾干燥。

真空冷冻干燥是二战中发展成熟的军用技术，二战结束后转向民用，干燥咖啡粉就是应用之一。这种工艺是把咖啡萃取液冻成冰块，并且冷冻到零下几十度。这样的温度能够最大限度地保障咖啡成分不发生变化。这些冷冻成冰的萃取液再被抽真空，冰就直接升华成气体，到达另一个容器冻结成冰块。等到咖啡萃取液中的水几乎完全升华，就得到了干燥的咖啡粉。

这样的干燥方式能够最大限度地保留咖啡的风味，所以很受欢迎。但是它的缺陷也很明显——无法进行连续生产，操作不便，成本很高。

喷雾干燥正好可以克服这些弊端，应用也就更为广泛。这种干燥方法的原理，是把咖啡萃取液通过一个喷头，加压喷成雾状。雾是一个个的微小液滴，这些小液滴跟干燥的热空气混合，水很快就被蒸发掉了，剩下的咖啡成分就变成了一个个的干粉颗粒。这些干粉颗粒落到干燥塔底，就是成品"可溶咖啡粉"。不过，这些咖啡粉末实在是太细了，放到热水中"可溶"，但容易"起包"不好分散，所以往往还要采取其他的工艺让它们聚集成更大的颗粒，才能成为"速溶咖啡粉"。

喷雾干燥工艺流程简单，可以连续生产，成本相对于冷冻干燥也明显要低。但是，喷雾之后接触的热空气温度很高，相当于咖啡成分又经历了一次加热。在这个加热过程中，咖啡成分之间会发生一些反应，从而改变了风味，此外还有一些挥发性强的香味物质挥发掉了。所以，喷雾干燥在生产上有很大优势，但产品品质就不如冷冻干燥的那么好。

在科学研究中所指的咖啡，是指不加糖不加伴侣的"黑咖啡"；所用的速溶咖啡，就是这样得到的"纯"的速溶咖啡粉。一般而言，1g 速溶咖啡粉加到 100ml 开水中，就相当于现煮咖啡的浓度了。在国外，人们说速溶咖啡的时候，一般也就是指这样冲泡出来的咖啡。与现煮的咖啡相比，它的风味和口感有所不同，不过咖啡中的核心成分——咖啡因和各种多酚化合物，差别并不大。所以，科学研究中所说的咖啡对健康的影响，这样的速溶咖啡也是适用的。

不过，在中、韩、日等亚洲国家，这样的速溶咖啡并不是很受欢迎。人们接触到的"速溶咖啡"，多数加了糖、植脂末、乳化剂、分散剂等成分。它们实际上是"咖啡饮料混合物"，而"速溶咖啡粉"只是其中的一种成分。比如速溶咖啡粉加植脂末或者糖，成为"二合一速溶咖啡"，或者植脂末与糖都加，成为"三合一速溶咖啡"或"1+2 速溶咖啡"。这样的产品中，冲调一杯所用的"一袋"粉一般是 15g，其中大约有 11g 糖和超过 2g 的脂肪。如果要考虑这种"速溶咖啡"对健康的影响，那么脂肪和糖才是主要的因素，咖啡本身反而不是那么重要了。

七、冷萃咖啡真的健康吗

原创　云无心

冷萃咖啡的出现是为了改善风味，而不是解决健康问题。

"煮"咖啡的过程，就是把咖啡粉中的可溶性物质萃取到水中的过程。把咖啡豆磨成粉，是为了减少颗粒大小，增加水与咖啡粉的接触面积，从而加快萃取过程。

萃取过程有两个关键因素。一个是"有多少能够萃取到水中"，在专业上是热力学概念，表示能够萃取出来的最大量。二是"萃取速度有多快"，在专业上是动力学概念，表示在特定的时间内，能够萃取出来多少。在现实操作中，用于萃取的时间总是一定的，所以萃取速度也非常重要。

咖啡的风味是由萃取出来的物质组成的。咖啡豆中至少有几百种风味物质，每种物质有不同的萃取热力学和动力学特征。温度、咖啡粉与水的比例和萃取时间，决定了这些物质萃取到水中的量。

最关键的是，不同的物质对这些条件的反应不同。有的物质在这种条件下萃取出来的更多，有的物质在那种条件下萃取出来的更多，所以同样的咖啡采用不同的萃取条件就会得到不同的风味。

温度对于萃取热力学和动力学都有很大影响。在低温下，各种物质的萃取速度都会大大降低，但不同的物质降低的幅度不一样。冷萃咖啡的理念在于，在低温下，涩味物质的萃取速度下降得更多，最后得到的咖啡中含量相对较低，所以咖啡的风味就更好。当然，因为所有物质的萃取速度都大大下降了，所以冷萃需要十几个小时才能完成。

咖啡中并没有明显"不利健康"的成分，所以冷萃还是热煮，无所谓哪个"更健康"。当然，如果热咖啡温度过高（比如高于 65℃），是不利于健康的。不过这种"不利"只是高温的影响，跟咖啡没有关系。

八、总喝咖啡会不会变胖

原创 云无心

咖啡是世界三大饮料之一，不过进入我国的历史并不长。很多人对咖啡的认知，是来源于那条著名的广告"滴滴香浓，意犹未尽"。随着我国打开国门，各种各样的咖啡走入了国人的视野。喝咖啡，在年轻一代中甚至成为一种时尚。经常有人问："经常喝咖啡，会不会长胖呢？"

首先需要确定一点："咖啡"跟"含有咖啡的饮料"对健康的影响是完全不同的。

化学意义上的"咖啡"是经过烘焙的咖啡豆的提取液。其核心成分是咖啡因以及多种抗氧化剂。咖啡因是一种神经兴奋剂，这种作用会有多方面的影响。此外，咖啡中的多酚类物质对于健康也有积极的影响。迄今的研究发现，适当的咖啡因（每天不超过 400mg，大致相当于 2~3 杯咖啡）有助于健康。

这个意义上的"咖啡"日常生活中被称为"黑咖啡"。这样的咖啡几乎不含有热量，而咖啡因甚至还有促进代谢的作用。喝这样的"黑咖啡""纯咖啡"不仅不会长胖，反而对减肥有一定帮助。

但是，黑咖啡又苦又涩，大多人不喜欢。日常生活中人们所说的"咖啡"，其实是"含有咖啡的饮料"，比如"2合1咖啡"和"3合1咖啡"。"2合1咖啡"通常是速溶咖啡粉与糖的组合，糖的加入减轻了苦味，让咖啡好喝一些。但是，糖有"空热量"，是现代人的饮食中最不健康的因素之一。3合1咖啡是咖啡粉、糖和植脂末的组合。一份3合1咖啡的粉末通常是15g，其中2~3g咖啡粉，其他12~13g是植脂末和糖。每天喝几杯的话，摄入的糖和脂肪就相当可观了。植脂末的主要成分是脂肪和糊精或者糖浆，热量很高，也很不健康。"总喝这样的咖啡"，咖啡本身的好处完全被糖和植脂末掩盖，不利于减肥，也不利于整体健康。

很多人喝的是"现煮咖啡"，情况也是类似的。如果是黑咖啡，那么不会变胖，甚至对减肥有一定帮助；如果加甜味剂，那么跟黑咖啡类似；如果加糖，那么会增加糖的摄入，喝得多摄入的热量就多，摄入的糖也多，总体上不利于健康；如果是加糖加咖啡伴侣（或者叫植脂末、奶精），那么热量高有助于长胖，也不利于总体健康。

九、喝咖啡长寿、抗癌……是营销忽悠还是确有其事

原创　云无心

咖啡不是中国的传统饮料，不过在中国越来越流行。作为一种味道有些古怪的饮料，人们更喜欢去探讨它的健康功效。有人说它有益健康，也有人说它影响神经功能。作为世界三大饮料之一，它有着庞大的行业背景，自然也有着各方面的研究。

不考虑喝咖啡的社交功能和风味喜好，仅仅从科学证据的角度来说，喝咖啡到底是有益健康还是有害健康呢？

1. 咖啡因的健康作用：有些研究显示了"没准有效"

咖啡是咖啡豆的水溶性提取物。跟任何一种植物的未分离提取物一样，其中的成分不下几百种。咖啡因是其中最重要的，可以算是咖啡的"特征成分"。市场上也有"脱因咖啡"，是去除了咖啡因的咖啡豆提取物。就像"无醇葡萄酒"并不被葡萄酒爱好者当作真正的葡萄酒一样，"无因咖啡"对于咖啡爱好者而言也算不上"真正"的咖啡。

咖啡因能刺激神经兴奋，所以咖啡的基本作用就是"提神"。尤其是咖啡因加葡萄糖，能互相促进使得提神效果更好。因为这个原因，我们在很多运动饮料中可以看到咖啡的存在。

咖啡因的"保健功能"备受消费者关注。在庞大的行业支持下，科学家们也进行了许多研究。每隔一段时间，都会有

一些"每天喝 X 杯咖啡有利 XX 健康"的研究发表，而咖啡行业和爱好者们，也总是会积极地传播与分享。（注：国外把"杯"作为一个计量单位，不特别说明时指 8 盎司，约 240ml。"一杯咖啡"中的咖啡因含量受很多因素的影响，含量可在几十至一百毫克的范围内，不过星巴克的咖啡中咖啡因含量远远高于平均值。）

总体来说，有一些研究显示了"没准有效"。比如有的老人饭后会因为低血压而出现晕眩，如果喝一杯含有咖啡因的饮料，就可能减轻这种症状。（这里说"含咖啡因的饮料"，除了咖啡之外，茶或者可可也可以）。帕金森病是一种常见的老年病，有调查显示咖啡因对降低其发生风险相当有效。男性每天喝 3~4 杯会达到最大效果，而每天 1、2 杯也有明显作用。女性则跟饮用量关系不大，每天 1~3 杯就达到最大效果。不过有趣的是，这种效果对于吸烟的人就不存在。此外，咖啡因对于降低胆结石风险也有一定帮助，每天 400mg 咖啡因（大致 3、4 杯咖啡），可以显示出效果来。有意思的是，对二型糖尿病的影响与摄入量的关系跟人种关系比较大。在欧美人群中，每天喝 6 杯咖啡，男性的风险可以降低 50% 以上，而女性则降低 30% 左右。而在日本人中，每天喝 3 杯就可降低 42%。（注：这是美国著名的医学网站 Webmd 的综述数据，来自于流行病学调查，没有针对中国人群的数据。）

2. 咖啡中其他活性成分：并非所有都有利于健康

咖啡中除了咖啡因，还含有许多其他的"活性成分"，比如各种抗氧化剂。经过烘焙的咖啡豆，抗氧化剂的含量会增高。一般而言，抗氧化剂有助于心血管健康。

不过，咖啡不是为了人类的健康而出现的，它同样也有一些"有害物质"。比如双萜烯类化合物，就会增加心血管疾病的风险。这类化合物可以被咖啡纸滤掉，所以制作咖啡的时候推荐用滤纸来过滤，而不应该用金属网或者不过滤。

咖啡中有许多能降低癌症风险的物质，有一些调查研究也显示每天 3 杯咖啡，可能降低某些癌症的风险。不过，咖啡豆在烘烤过程中也会产生丙烯酰胺。大剂量的丙烯酰胺在动物实验中显示了致癌性，但它对人体健康的"风险－剂量"关系还缺乏科学依据。对待食物中的丙烯酰胺，科学界的推荐是"不必恐慌，但尽量降低"。

3. 咖啡的不良表现：对心脏病人，每天 5 杯就是"不安全"的量

双萜烯类化合物和丙烯酰胺是有害的。但如果考虑到它们在咖啡中的含量，就只能说"缺乏数据，但推荐尽量减少"。

而"大量饮用咖啡"的不利影响则比较明确。每个人对咖啡的敏感程度不同，一般而言，如果每天喝太多咖啡（比如 6 杯以上），可能导致上瘾。喝得多了，对咖啡的敏感性就会下降，又需要喝更多的咖啡才能获得相同的满足感。咖啡因摄入过多会导致失眠、紧张、胃部不适、恶心、呕吐、心率与呼吸加快、头痛、耳鸣等症状。尤其是心脏病人，每天 5 杯就是"不安全"的量了。

4. 对咖啡敏感的人群：孕妇、糖尿病人、骨质疏松患者、服药人群等

喜欢喝咖啡的年轻女性越来越多，"怀孕和哺乳期间能否喝咖啡"是一个备受关注的问题。基于目前的科学证据，一

般认为：每天不超过 200mg 咖啡因还是可以接受的。这个量，大致相当于两杯咖啡。如果超过这个量，孕妇可能会增加流产、早产或者婴儿体重不足的风险，而母乳喂养则可刺激婴儿的消化道，影响婴儿睡眠。不过，也有研究认为，少于 200mg 咖啡因的量也可能有轻微的不利影响。总而言之，如果要想彻底规避一切可能的风险，不喝是最保险的；如果实在是想喝，适当喝一点也可以接受。

有一些调查数据显示咖啡能降低 2 型糖尿病的风险，但是咖啡因对血糖的影响比较复杂，也有研究结果是咖啡因增加血糖。面对这种科学结果一地鸡毛的情况，糖尿病人应该小心对待咖啡——如果实在喜欢喝，一定要注意监控自己的血糖变化，以便及时做出调整。

此外，咖啡也能增加钙流失。如果有骨质疏松症状，每天的咖啡因摄入就不要超过 300mg（相当于 2~3 杯咖啡）。老年女性是骨质疏松的高风险人群，也就需要更加注意。

咖啡因能与许多药物相互作用。这些作用有的是增加咖啡因的作用（当然包括副作用），有的是增加药物的效果，有的是降低药物的效果。比如能刺激神经兴奋的麻黄碱，如果加上咖啡，其效果就会大大加强，从而出现"过量服药"的症状。麻黄碱在许多感冒药中存在，比如康泰克、白加黑等等。药物的剂量是按照正常使用的效果来设计的，不管是增强还是减弱，都会影响治疗。能够与咖啡因互相影响的药物很多，普通人大概基本上也无法记住，所以不妨采取最简单的做法：服药期间不喝咖啡。

十、总结

咖啡作为成分复杂的天然提取物，不同的成分有不同的作用，不同的实验得到不同的结果也并不令人惊讶。有的结果很吸引人，有的结果让人们纠结。

综合正反各方面的研究，目前比较广为接受的推荐是：健康成年人，每天喝2、3杯咖啡，"益处"超过了"风险"；对于孕妇产妇，不超过两杯，也可以接受。其他的人群，就需要根据具体情况来权衡了。

再强调一下：讨论咖啡对健康的影响时，"咖啡"指咖啡本身，不包括喝咖啡时加入的糖和咖啡伴侣。在加了它们的时候，咖啡的"健康价值"会因为它们而打折扣。尤其是市场上流行的"二合一""三合一"速溶咖啡，加了大量的植脂末和糖，其实已经算作"不健康饮料"了。

第四章

咖啡的现在与未来

▷ 第一节 ◁
公平贸易与道德采购

咖啡行业认识到，保护咖啡资源在很大程度上是关注咖啡种植者生存环境和切身利益。以保障咖农利益为先，不再单纯地以供求关系来决定价格，而是引导咖农更好地利用土地资源，使用可持续的方式种植咖啡和科学管理咖啡园，积极减少自然灾害与人为消极因素的双重影响；同时，设定合理的收购标准，帮助咖啡生豆在规范贸易的前提下，质量与价格对等地进入流通领域，是实现咖啡可持续发展的关键。咖啡行业的领先品牌们正通过道德采购等方式做出不懈的努力。

一、雨林联盟

1987 年，热带雨林联盟，一个全球性的非政府组织（NGO）成立于纽约。该组织旨在保护自然生态、防止滥开发、维护农业与自然环境的平衡发展，通过认证的方式，帮助种植者通过改变土地的使用方法、商业行为、进而促进消费者改变行为来保护生态系统，并实现保护生物多样性和可持续发展。

二、公平贸易

公平贸易（图 4-1）认证体系涵盖了咖啡、茶、鲜花、黄金等 6000 多种产品。为了应对阿拉比卡咖啡的国际价格暴跌，探索解决小型咖啡种植者的生计威胁，为咖啡农争取公平收入，1991 年，公平贸易咖啡（Fair Trade Certified Coffee）

图 4-1　公平贸易标志

项目成立。该项目的参与者由在公平贸易组织注册的自营种植者、咖啡合作社和协会组成，其定价模式为在最低采购价格标准基础上，增加额外的专门用于投资咖啡种植社区的健康和发展的专项经费，也称专项社会保险费。

公平贸易咖啡项目致力于推动农民种植更优质的咖啡豆，以及帮助他们改善生活质量，打造更好的家庭和社区环境。获得公平贸易认证的品牌可以在公平贸易官方网站 https://www.fairtrade.org.uk/buying-fairtrade/ 查询到。下列品牌都取得了公平贸易认证。

三、咖啡与种植者公平规范

星巴克致力于 100% 实现咖啡道德采购，为了实现这一愿景，该公司致力于与咖啡产业链上的所有成员建立互惠互利的合作关系。但是，由于其自身巨大的采购体量，导致没有任何的认证项目能够满足该公司在咖啡质量、咖农利益、咖啡资源持续发展方面的所有要求，于是，1998 年，星巴克与保护国际基金会（Conservation International Fund）合作开发了"咖啡与种植者公平规范（C.A.F.E Practices）"，从咖啡采购质量、经济贸易透明度、社会责任和环境条件等四个方面确立了可实施、可评价的标准，以促进实现对环境负责任的种植方法、确保种植者最低收入、公平的社会和环境条件。其中，咖啡质量和经济透明度为"咖啡与种植者公平规范"的先决条件，社会和环境条件则需要由第三方组织认证。

"咖啡与种植者公平规范"的核心是致力于以可持续的方式推动优质咖啡的生产和发展。首要因素是种植者的核心利益，实施手段是在咖啡产业链的所有环节涉及的人员、企业中建立共同的使命感和责任心，有益于行业和消费者共同发展；目标是尽可能减小咖啡产业对环境的影响，确保优质咖啡的未来供应。

消费者可以在星巴克的一些咖啡包装印刷上找到保护国际基金会（CONSERVATION INTERNATIONAL）监督咖啡和种植者公平（C.A.F.E.）规范的第三方认证（图 4-2）和签署100% 道德采购咖啡的承诺。

与咖啡质量挂钩的明确的咖啡生豆收购标准与透明的价格体系，支持社区发展、保护和节约水资源与能源的社会责任，维护生物多样性是星巴克的实践，也是众多国际化咖啡企业们越来越重视的社会责任。

图 4-2　咖啡包装上的认证标志

四、有机咖啡

有机农业致力于发展能够自然地管理害虫、疾病和竞争植被的生态系统，同时减少使用或不使用化学品。在种植、加工和处理过程中未使用杀虫剂、除草剂、除菌剂或化肥的咖啡称之为"有机"咖啡。但是，全球只有少数咖啡正式通过了有机认证。

这些通过认证的咖啡由独立于咖啡生产商和咖啡购买商的第三方进行独立认证，农场通过有机认证的过程长达 3 年。众多农场主认为，这是一项耗费资金和时间的大型投资，但其对收益的改善却并不明显；但也有农场主表示：对于需要有机认证咖啡的顾客，向其展示通过认证的标志或证书还是有一定积极意义的，并且可能带来巨大的经济收益。

包括星巴克在内的很多咖啡商所购买的大多数咖啡都属于有机种植的咖啡，但由于认证成本和收益的不对等性，由于农户不愿意进行相关投入，其中大部分都未经"有机认证"。

五、新型合作关系

当星巴克、雀巢等咖啡公司们发现与合作伙伴共同支持和帮助咖啡种植者成功非常重要时，就有意识地形成了一种新型合作关系。

🫘 咖啡出口商

咖啡出口商是从小型农场、咖啡农合作社、咖啡庄园等组织或机构购买咖啡的独立机构，他们可能是独立注册的经济体、也可能是大型咖啡公司的分部，有的出口商还拥有自己的加工厂。咖啡出口商会帮助咖啡产业链上的各方顺畅地归入"链条"，比如，与星巴克合作的咖啡出口商会帮助其实施"咖啡与种植者公平规范"的认证，并作为中介、以现金形式将星巴克的咖啡收购金支付给咖啡农。

🫘 咖啡种植者

星巴克认为，确保可持续的咖啡生产的要务是确保咖啡种植者的利益，让他们安心和有信心是重中之重。

由于咖啡是季节性作物，很多国家和地区的咖啡种植者在收获前会遇到现金短缺，而这一点可能迫使他们提前采摘咖啡，对于保证咖啡品质非常不利。于是在有需求的地区实施了"种植者信贷"计划，帮助咖啡种植者更好地选择咖啡采摘和出售的时机。这些小额贷款帮助咖农们战胜了资金短缺的挑战，并帮助他们的农场和家庭，乃至社区都获得了更好的收入。

2015 年，星巴克与 Root 资本、公平贸易基金的信贷机构等组织合作，通过"全球种植者基金（Global Farmer Fund）"为秘鲁、尼加拉瓜、洪都拉斯、危地马拉、卢旺达和坦桑尼亚等国家的咖啡种植者提供了合理利率和期限信用贷款。截至 2015 年 6 月，星巴克公司已经为大约 40000 名咖啡种植者提供了总计 5000 万美元的融资性援助。

🔩 咖啡种植者支持中心

种植者支持中心提供开源共享的专业知识和最佳种植和咖啡园管理实践。星巴克和雀巢在全球重要的咖啡产区内都广泛建立了种植者支持中心，并由精通于咖啡农作和加工的农艺师专家团队为咖啡农提供帮助。农艺师是土壤管理、农作物产量和加工流程方面的专家，他们通过开源的方式分享研究和教育，指导和帮助种植者以更负责任的方式来种植更好的咖啡，提高质量和产量，控制生产成本，确保持续提高咖啡质量和可持续性。除帮助咖啡农户实现更好的种植和加工技术外，很多农艺师也成为种植者社区的灵魂人物，为咖啡公司实现社会责任以及为当地社区带来了积极影响。

星巴克的第一个种植者支持中心于 2004 年在哥斯达黎加圣何塞成立，如今该公司在包括中国云南在内的多个国家运营着种植者支持中心。事实上，种植者支持中心也常常与出口商结成伙伴关系，共同促进咖啡的可持续种植以及咖啡种植者社区的发展。

星巴克与咖啡种植者合作社的紧密关系推动了社区诊所和医疗服务的进步。例如，与东帝汶的咖啡合作社共同进行社区投资建设医疗诊所的项目，自 2015 年 8 月建成后，4 个诊所帮助 13000 名合作者成员或其家庭成员获得高品质的医疗保健服务。诊所也改善了卫生习惯和卫生设施，包括村庄中的应急通讯。每个诊所建筑都有雨水收集和存储系统以及厕所与化粪池。社区可以使用太阳能充电站为他们的移动电话充电，使其在医疗紧急情况下能够更容易联系 Cooperativa Cafe Timor（CCT）合作社的工作人员。

2015 年春，星巴克在发布星巴克臻选 ® 巴布亚新几内亚乌利亚咖啡豆时，也开启了一个有益于莫安提咖啡网络的项目。作为提供可持续水源的开始，在亨加诺菲一个约 400 个小农户并缺少干净水资源的地区，提供了一个清洁的水源，该项目最终目的是将供水扩大到更多的社区、并使该地区更多的咖啡种植家庭受益。

普洱位于世界咖啡种植的黄金地带，咖啡种植是当地农户的主要收入来源之一。2020 年 4 月 16 日，星巴克宣布向中国扶贫基金会捐赠 120 万美元，启动"共享价值"咖啡产业扶贫计划二期项目，继续双方于 2018 年 10 月在云南保山赧亢村和丛岗村的两个贫困村成功试点一期项目后的进一步深入合作。这一项目将为普洱市宁洱哈尼族彝族自治县和孟连傣族拉祜族佤族自治县的 8 个贫困村近 1400 名咖农提供咖啡初加工设施设备、生产农资以及技术培训等方面的资助，并在 2021 年底前，建成 8 个高品质阿拉比卡咖啡种植示范基地。届时将培养出一批懂得咖啡种植、生产加工和市场营销的"新咖农"，通过"改条件、降成本、赋能力、增收益"探索出咖啡产业扶贫的创新模式，帮助当地咖农种出好咖啡。以往只能"靠天吃饭"的当地咖农们，通过扶持项目得到了种植专家的专业指导和实操培训，不仅率先用上了定制肥，还配备了统一的咖啡晾晒架和全新的蓄水池。作为国际知名咖啡品牌，星巴克不仅致力于让咖农真正享受咖啡产业扶贫带来的收益，更是通过持续的努力推动高品质的中国云南咖啡走向国际市场，帮助云南咖啡推向更广阔的国际舞台。

六、遗传育种推动进步

如今，每年有超过 1000 万吨的咖啡生豆用于咖啡生产，需求稳定增长。预计到 2050 年，全球咖啡需求将翻一番，而可产咖啡的土地将有所减少，选育能够抵御疾病和气候变化的高产品种十分重要。多年来，一些业内领先企业和研究机构热衷致力于咖啡植物的研究，不断改进品种以应对这些挑战。

国际多点品种试验（IMLVT）的目的在于帮助各国咖啡生产者和农学家提供重要的知识，了解咖啡品种如何对不同的土壤和气候条件做出反应，通过模拟世界各地咖啡生产国咖啡种植者所经历的气候变化，使研究人员能够预测不同咖啡品种在未来 30 年和 50 年气候下的生存状况，帮助他们解决当年和未来可能面临的各种难题。该项目为解释咖啡基因与环境相互作用提供了有史以来最大的全球数据库。对研究基因型与环境相互作用下咖啡质量和化学性质产生积极的影响。

在过去的 25 年中，雀巢通过其罗布斯塔（Robusta）和阿拉比卡（Arabia）育种计划开发并选育的下一代咖啡品种具有农民和消费者所关注的重要特征。

雀巢的选育流程如下。

（1）应用经典育种技术，从公司实验农场保存的综合种质开始，在子代中选择特定品种，为选择合适的亲本提供必要的遗传多样性。过去，雀巢的选择计划主要侧重于产量、质量和对病虫害如锈病的耐受性，而现在还包括了对气候变化的适应性。

（2）进行试验田测试性种植，初步成功后在不同国家进行更广泛的多点位试验种植，找出最适合当地条件的品种。

（3）定向推广种植。在始终优先考虑当地种植者接受度的原则下，通过与当地研究机构合作，雀巢的品种已在众多咖啡生产国进行了测试和部署。

由于咖啡育种取得了革命性进展，雀巢决定启动一项育种计划，目标是结合农业性能和品质的理想特性，开发第一代（F1）和第二代（F2）杂交种。得益于基于高效体外系统的大规模体细胞胚胎发生方法的发展，在 2010 年，第一代阿拉比卡杂种开始在中美洲传播并在该地区繁育，名为中美洲（Centro-Americano）的杂交种咖啡成为了创新概念的一部分，在该概念中，可以开发合适的系统并传播新一代的阿拉比卡咖啡品种。经过 20 年的努力，如今候选杂交种已在许多生产国接受测试，并且大多情况已证实，它们比传统品种更具优势。同时，雀巢对野生阿拉比卡种质的不同种群进行了研究，以鉴定出重要的目标基因型。到目前为止，已经选出了一些具有明显感官特异性和一些天然缺乏花粉（即雄性不育，male-sterility，简称 MS）的种质进行克隆。这种带有 MS 的植株极为罕见，它们在杂种繁育中的应用将代表着咖啡领域的突破，这些植株可以使阿拉比卡咖啡杂种轻松地提供给广大咖啡农社区。雀巢育种计划已决定集中精力开发可以通过种子轻松繁育的新 F1 品种，如今，已经在不同国家、不同地区测试了 10 多个品种。在墨西哥、哥伦比亚、厄瓜多尔和萨尔瓦多组织的不同试验显示，雀巢杂种与目前最好的原料（包括自交系的 Catimor 系或杂交系的 Centro-Americano 系）相比具有切实的竞争优势，因此有望将这些改进的雀巢杂交品种引进给咖啡生产商来大大改善他们的收入状况。该计划的所有合作伙伴（机构、咖啡贸易商、农民）都对该品种给予了积极评价。

自 20 世纪 90 年代末以来，雀巢决定建立自己的咖啡系列（阿拉比卡和罗布斯塔），以正确评估商业品种在农业和品质方面的潜力。因此，1999 年在厄瓜多尔和中国部署了 30 种阿拉比卡咖啡品种，在西双版纳州勐海县当地的 E&D 农场进行种植和观测。该阶段收集的信息被用于创建雀巢第一批咖啡品种目录的几个版本，每个品种都配有一张表来描述它们在不同地点的主要特征。该目录于 2009 年与雀巢主要市场进行了交换，以指导他们了解农业服务部门将要推广的品种。

2009 年至 2017 年之间的三代田间试验证明了新品种对于农民和当地的咖啡连锁店均具有开发潜力。云南的田间评估表明，与以卡蒂姆（Catimor）和铁毕卡（Typica）品系为代表的对照相比，最好的 F1 品种产量显著提高（介于 75%~125% 之间）。进一步的观察还表明，新的杂交品种对叶锈病和蛀虫病的侵害具有较高的耐受性。雀巢开发的新一代杂交品种将为提高生产力、减少农药使用和改善繁荣的咖啡产区（如云南）的咖啡质量提供机会。雀巢团队在 2017 年与云南农业大学展开合作，在普洱地区实施了两次演示，其中包括雀巢开发的一些性能最好的杂交品种。为确认最初的发现，雀巢启动了农民试验，从当地小农的角度评估这些候选品种，并准备最终的商业种植。

七、保护型种植

在世界各地有 1 亿 2500 万人的生计依赖于咖啡，包括 2500 万小农户。据国际金融公司报道，许多咖啡种植者面临着生产力低下的挑战，通常是由于耕作方式不佳和质量标准意识薄弱所造成的。这阻碍到了种植者优化他们的作物、减少生产的边际成本和改善产量，以及他们通过要求咖啡溢价以增加收入的能力。此外，更好的耕作方法往往对环境可持续发展更有利，从而降低资源的使用和为后代保护土地。例如，咖啡生产对水资源的影响很大，但可以通过完善灌溉和废水处理的方式降低影响。

无论是否购买某一种植者出产的咖啡，星巴克的农艺师团队都会支持该咖啡种植区的种植者们，致力于帮助他们获得更好的生计和持续成功，这使星巴克在业内独树一帜。星巴克信奉"农艺学"涉及科学化的土壤管理和农作物生产，一直采取开源，即信息共享的方式分享来源于各地的最新研究，会根据产区和种植地的实际情况，因地制宜地采取措施推动咖啡种植业发展。例如，在尼加拉瓜的主题是咖啡锈病的处理。星巴

克联合了发展体系（世界银行和美洲开发银行）和咖啡出口商
（ECOM）的努力，在尼加拉瓜投资 3000 万美元建立了一个机
构。该机构的主要目的是通过实施一个以抗锈病品种革新咖啡
种植园的项目以帮助种植者适应气候变化。减少锈病明显增加
了尼加拉瓜咖啡种植者的收入。该项目将提供长期资金给种植
者以确保使用适当的咖啡品种，并提供所需的技术援助，从而
为他们带来产量。

在卢旺达则从支持穆萨萨合作社入手带动发展。星巴克
联手 Root 资本为非洲带来对于咖啡社区的支持，始于在卢旺
达与穆萨萨合作社的项目。基于穆萨萨与精品咖啡买家（如
星巴克）的合同，Root 资本向合作社提供其能够负担的信贷，
用以向其成员收购咖啡生豆。在装运和付款后，一部分的合作
社收益用于支付低息贷款。自 2005 年以来，Root 资本已向穆
萨萨合作社提供了超过 100 万美元的资金。

在坦桑尼亚联合 Root 资本一起投资品质。星巴克支持坦
桑尼亚的咖啡社区，授权他们建立 22 个社区咖啡水洗站。这
些站点提升加工咖啡的质量，并帮助确保种植者可以提供一个
可靠的精品咖啡来源。设施中的机器也减少了整个咖啡加工操
作过程中的耗水量和环境影响。一些社区有额外的余款则用作
当地学校设施用品的投资。

在墨西哥、危地马拉和萨尔瓦多，帮助种植业从咖啡叶
锈病中革新和恢复。2016 年星巴克通过一个在美国的零售门
店中称为 "One Tree for EveryBag" 的项目支持，捐赠了 2000
万咖啡树给墨西哥、危地马拉和萨尔瓦多的种植者。在零售门
店每售出一包烘焙咖啡，星巴克就捐赠一棵抗锈病新品种咖啡

的幼苗。为了帮助革新种植者的农场和减少抗锈病农药的使用，他们可以免费获得抗锈病新品种的咖啡树。

为了与咖啡种植者更紧密合作，提供更好的支持，2013年星巴克在哥斯达黎加购买了阿尔萨西亚庄园作为全球农艺中心。这个庄园是一个占地 240 公顷的农场，位于哥斯达黎加境内美丽的阿拉胡埃拉波阿斯火山的斜坡上。农场生产面积的一部分用于商业生产，其余的土地是致力于研究和发展工作以支持咖啡未来种植的苗圃，这个苗圃通过提供各种咖啡品种的免费种子和植株以改善咖啡树的抗病能力。庄园首要的挑战目标和使命很明确：应用最佳实践使种植咖啡的利润变得越来越多；研发下一代抗病品种，提升咖啡质量；以及与世界各地的种植者分享星巴克的工具、最佳实践和资源。庄园的第二个挑战目标更有野心：研发能够抵抗类似咖啡锈病的疾病（近年来引起了重大的损失）的阿拉比卡咖啡树新品种，并满足精品咖啡的品质要求。这里的咖啡树对抵抗类似咖啡锈病的疾病的能力很强，兼具卓越的品质。星巴克的目标是研发一些既美味且健壮的，足以在未来茁壮成长的杂交品种。

从 20 世纪 80 年代末至今，雀巢在云南的咖啡种植推广活动对该地区的咖啡发展产生了深远的影响，特别是在品种选育保护和推动地方经济等方面，承担了先锋角色。最初，云南的咖啡产量低、质量差，还受到锈蚀的严重影响，雀巢中国出于发展本土化供应链的需求，决定支持云南省咖啡生产的发展以及广东省东莞工厂的咖啡供应链。

期间，雀巢通过开展适宜性研究，确定了位于云南省南部的普洱地区特别适合阿拉比卡咖啡的种植。1992 年成立了咖啡农业服务部（NAS），负责种植项目。从 1994 年开始，NAS 开始实施咖啡发展计划，该计划着重于培训和技术援助，通过该领域的雀巢农学家团队来提高生产力和质量。1997 年 11 月，为了在整个地区鼓励咖啡种植，西双版纳州成立了一个实验和示范农场（E & D），为了提高生产力和适应力，引入、测试了几种卡蒂姆（Catimor）品种。这些地区的原始咖啡种植得到了改善，产量逐渐提高。2002 年，雀巢的所有采购业务都移至普洱市，并实施了直接采购计划。从那时至今，雀巢不断为当地咖啡种植者提供支持，并购买云南咖啡用于雀巢咖啡在中国和世界各地的生产。

雀巢的技术援助、培训和直接采购是其在中国云南成功推广咖啡种植的关键因素，并有助于推动整个普洱咖啡产区的发展。在云南拥有理想的咖啡种植气候的基础上，雀巢不仅通过教授先进的、可持续的种植和加工方法，而且还通过引进新的高产阿拉比卡咖啡品种，努力使该地区的咖啡生产和质量价值最大化。

第二节

咖啡渣的利用

咖啡渣（SCG）是咖啡萃取后剩余的不溶性固体，其质量约占咖啡豆总质量的 2/3，在人类能够充分获得高质量食物的今天，咖啡渣已经不再普遍作为食物利用。但是，随着全球环境保护理念的发展以及社会各界对可持续性的日益重视，越来越多的咖啡渣用途被不断发掘出来，特别是一些能为社会带来巨大的可持续发展效益的项目。

一、生物燃料

多项研究表明咖啡渣可用于生产生物柴油。2008 年，美国内华达大学的研究人员介绍了一种从废咖啡渣中提取油，并进一步进行酯交换处理以将其转化为生物柴油的方法，根据咖啡种类（阿拉比卡咖啡或罗布斯塔咖啡），此过程可产生 10%~15% 的油。研究发现从咖啡渣中提取的生物柴油（100% 的油转化为生物柴油）在环境条件下的稳定性超过 1 个月，预计可以从世界各地的废咖啡渣中生产出 3.4 亿加仑的生物柴油。陆陆续续也有很多新的方法来提高咖啡渣生产生物燃料的效率。例如，2013 年美国伊利诺伊州可持续技术中心提出了一种完全利用废咖啡渣生产生物柴油、生物油和生物炭的方法。2020 年，英国拉夫堡大学的一项研究通过热液碳化对废咖啡渣中的水焦生产进行优化和表征，使英国每年产生的 500000 吨废弃咖啡渣有潜力替代英国 4.4% 的发电煤炭。

二、动物饲料

咖啡渣含有大量的粗脂肪、粗蛋白、粗纤维以及无氮浸出物，因此有大量将咖啡渣添加到动物饲料中的研究。英国学者 Givens 等人研究了将咖啡渣加入到反刍动物的饲料中，发现咖啡渣中的营养物质含量有限，不能作为反刍动物的主要口粮。印度学者 Sikka 等人的研究表明，10% 的咖啡渣可安全纳入猪的口粮，而不影响猪的健康。西班牙学者 San Martin 等人研究了将 5% 咖啡渣添加到奶牛的饲料中，研究结果表明，在饲料中添加 5% 的咖啡渣并不会影响牛奶的产量和脂肪含量。因此，将咖啡渣合理添加到动物饲料中，可以提高咖啡渣的利用率，解决资源浪费问题。

也有研究表明，咖啡渣中含有一些具有抗菌性能的物质，如单菌素、欧氏提取物和壳聚糖等，这些物质对操纵瘤胃生态系统有积极作用，能提高动物产量。例如，咖啡中的类黑精和多酚类化合物已被提取出作为抗菌剂，如果提供足够的剂量，也许可以发挥类似抗生素的生长促进剂作用。咖啡渣中的绿原酸具有抗菌和抗病毒性能，用到家禽饲料中可提高家禽的抗病能力；还具有护色、增香的作用，添加到动物饲料中可增强动物食欲，提高食量；此外，绿原酸具有的抗氧化性，能延长饲料的保质期。

三、肥料或栽培基质

咖啡渣富含氮、磷、钾及其他微量矿物质，如果合理使用能为植物生长提供养分，可作为肥料直接撒到土壤中，或者作为木屑、棉籽壳等食用菌栽培基质的替代物，从而实现废弃物循环利用。

使用咖啡渣作为肥料的好处是它向土壤中添加了有机物质，可以改善土壤的排水、保水和透气性。用过的咖啡渣还会帮助有利于植物生长的微生物茁壮成长，并吸引蚯蚓。

咖啡渣中的纤维素等能被食用菌分解利用，咖啡渣中的脂肪、蛋白质和糖类也有助于食用菌的生长，因此咖啡渣可以作为食用菌的栽培基质。曾有研究人员利用咖啡渣作为基质栽培金针菇、灵芝等，均取得成功。巴西学者研究了利用咖啡渣栽培平菇，取得良好效果。

四、吸附剂

咖啡渣具有多孔结构，这一特异性结构为其资源化利用打下了基础，最先得到关注的便是制取活性炭。用其作为吸附剂处理废水中的重金属离子，相比其他常用的吸附剂，具有价格低廉的优势，还能提高废弃咖啡渣的利用率，减少对环境的污染。

高丽大学生命科学与生物技术学院研究人员 Kim 等通过测定大浓度范围的 Cd 溶液的吸附能力和化学性质，来评估咖啡渣去除水污染中重金属的适用性。新加坡理工大学研究人员 Utomo 等研究了咖啡渣浓度对二价金属离子吸附的影响，得出吸附密度随咖啡渣浓度的增大而减小。阿尔及利亚学者 Azouaou 等通过间歇动力学和平衡实验研究了时间、吸附剂用量、初始 pH 值、粒径、初始镉浓度和温度对咖啡渣吸附性能的影响，结果表明，咖啡渣去除 Cd^{2+} 的效果较好，是一种高效经济的 Cd^{2+} 吸附剂。

咖啡渣也可作为制备吸附剂的原料。意大利科学家 Despina Fragouli 领导的研究小组采用大约 60% 的咖啡渣以及

40% 的糖和硅胶，制成了一种多孔状的海绵材料。采用这种材料制成的过滤装置可以有效地吸附水中的铅离子和汞离子。

五、酿酒

以咖啡豆为原料生产的酒精饮料在市场上随处可见，而以咖啡渣为原料生产的烈酒则很少见。葡萄牙米尼奥大学学者Sampaio 等人就研究了一种由废咖啡渣生产烈酒的方法，并分析了酒的化学成分和蒸馏产物的感官特征。此项研究在咖啡渣酒的组成中鉴定出 17 种挥发性化合物，从化学成分上看，咖啡渣酒具有可接受的感官品质。通过嗅觉分析，咖啡是最具代表性的香气；通过感官分析，认为咖啡渣酒具有令人愉悦的饮料特性，具有咖啡的气味和口感，适合人们饮用。

六、食品包装容器

咖啡渣的主要成分包括纤维素、半纤维素和木质素，能够与 PLA（聚乳酸）、PBS（聚丁二酸丁二醇酯）等常见的生物可降解塑料粒子相容，提升材料的力学性能和热稳定性，成品具有更优秀的使用和贮存运输表现，可用于餐具和食品包装物的制作。

德国柏林一家叫 Kafeeform 的公司使用咖啡渣制作出一种可重复使用的咖啡杯（图 4-3），并且在 2018 以其创新的材料和工艺赢得了红点产品设计奖。

中国香港某大学的学生郑观平等人将咖啡制作中产生的

咖啡渣和滤纸通过传统压纸手段，制作成了一些纸质器皿，如袋子、盘子等。基于咖啡渣的吸湿除臭性能，用咖啡渣制成的器皿存放如面包、饼干等易受潮的食品，可帮助食品保持干爽，延长贮存时间。

日本横滨国立大学的科学家研究出一种用咖啡渣生产环保型可生物降解塑料的方法，将咖啡渣中的纤维素加工成纳

图4-3　使用咖啡渣制作的咖啡杯

米纤维，作为添加剂制成了透明的咖啡杯和吸管，成为良好的一次性 PET 塑料吸管的替代品。

广东星联科技有限公司联合华南理工大学，开发了一种可用于食品接触的咖啡渣聚乳酸生物降解材料，该材料综合利用咖啡渣，帮助生物基塑料粒子实现更好的应用性能。该技术已经获得国家专利。基于此技术，星巴克本着践行绿色环保及可持续发展的理念，联合相关单位推出冷饮用可降解"渣渣管"，创新尝试循环利用咖啡资源。该吸管采用萃取后的咖啡粉作为原料，结合可降解的聚乳酸（PLA）材料，运用先进造粒技术和多道工艺加工，让萃取后的咖啡粉与可降解树脂材料形成牢固结构，使用时具有和其他塑料制品一样的良好表现，并在标准规定的降解条件下，4 个月内生物分解率可达 90%。（图4-4）

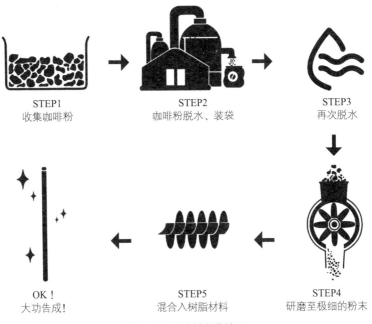

STEP1
收集咖啡粉

STEP2
咖啡粉脱水、装袋

STEP3
再次脱水

OK！
大功告成!

STEP5
混合入树脂材料

STEP4
研磨至极细的粉末

图 4-4　渣渣管制作流程

　　"渣渣管"经过精心研发、全面食品安全风险评估和严格的全过程管控。咖啡渣原料源自生产即饮咖啡的饮料工厂，从饮料工厂的封闭管道中直接收取、脱水、入袋、装车。

参考文献

［1］ Mark Pendergrast. Uncommon Grounds：The history of coffee and how it transformed our world ［M］. New York：Basic Books, 2010：4-6.

［2］ William H, Ukers M A. All about coffee ［M］. New York：The tea and coffee trade journal company, 1935：13-14.

［3］ 韩怀宗. 世界咖啡学：变革、精品豆、烘焙技法与中国咖啡探秘 ［M］. 北京：中信出版社, 2016：2-5, 10.

［4］ 张箭. 咖啡的起源、发展、传播及饮料文化初探 ［J］. 中国农史, 2006（2）：22-29.

［5］ 刘铖珺, 黄晓燕, 刘丽敏, 等. 咖啡产品的加工技术研究进展, 食品工业科技, 2020.

［6］ 唐晓双, 刘飞, 汪才华, 等. 胶囊式咖啡概述及其安全性分析, 食品安全质量检测学报, 2013, 4（3）：961-965.

［7］ 吴静遥. 在无限黑暗中建立宇宙 网红梦碎咖啡馆 ［J］. 世界博览, 2019（8）：44-49.

［8］ 张方. 云南咖啡产业国际竞争力评价及影响因素研究 ［D］. 昆明：云南财经大学, 2020.

［9］ 刘春华, 李春丽, 徐志. 咖啡种类及其病虫害研究 ［J］. 中国热带农业, 2010（5）：59-61.

［10］ 吴家耀. 咖啡形态学的研究——种子的萌发和幼苗的形成过程 ［J］. 云南教育学院学报, 1991（3）：86-92.

［11］ 曾凡逵, 欧仕益. 咖啡风味化学 ［M］. 广州：暨南大学出版社, 2014.

［12］ 冯大炎, 周运友. Maillard 反应与 Strecker 降解及其对食品风味与食品营养的影响 ［J］. 安徽：安徽师大学报（自然科学版）, 1993（2）：79-84.

［13］吕文佳，刘云，杨剀舟，等．咖啡主要烘焙风味物质的形成及变化规律．食品工业科技，2015，36（3）：394-400.

［14］National Coffee Association. How to store coffee ［EB/OL］. NCA. https://www.ncausa.org/About-Coffee/How-to-Store-Coffee.

［15］Davide Bressanello, Erica Liberto, Chiara Cordero, et al. Coffee aroma: chemometric comparison of the chemical information provided by three different samplings combined with GC-MS to describe the sensory properties in cup ［J］. Food Chemistry, 2017, 214: 218-226.

［16］Michel Rocha Baqueta, Aline Coqueiro, Patricia Valderrama. Brazilian coffee blends: a simple and fast method by near-infrared spectroscopy for the determination of the sensory attributes elicited in professional coffee cupping ［J］. Journal of Food Science, 2019, 84(6): 1247-1255.

［17］Jane V Higdon, Balz Frei. Coffee and health: a review of recent human research ［J］. Critical Reviews in Food Science and Nutrition, 2006, 46（2）: 101-123.

［18］中国营养学会．食物与健康-科学证据共识；中国营养学会编著；人民卫生出版社，2016.

［19］Robin Poole, Oliver J Kennedy, Paul Roderick, et al. Coffee consumption and health: umbrella review of meta-analyses of multiple health outcomes ［J］. BMJ, 2017, 359: 5024.

［20］Bravi Francesca, Tavani Alessandra, Bosetti Cristina, et al. Coffee and the risk of hepatocellular carcinoma and chronic liver disease: a systematic review and meta-analysis of prospective studies ［J］. European Journal of Cancer Prevention, 2017, 26（5）: 368-377.

［21］Manami Inoue, Shoichiro Tsugane. Coffee drinking and reduced risk of liver cancer: update on epidemiological findings and potential mechanisms ［J］. Curr Nutr Rep, 2019, 8（3）: 182-186.

［22］Fausta Natella, Cristina Scaccini. Role of coffee in modulation of Diabetes Risk ［J］. Nutrition Reviews, 2012, 70（4）: 207-217.

［23］Santos Roseane Maria Maia, Lima Darcy Roberto Andrade. Coffee consumption, obesity and type 2 diabetes: a mini-review [J]. European Journal of Nutrition, 2016, 55 (4): 1345-1358.

[24] Rob M. van Dam, Frank B. Hu, et al. Coffee, caffeine, and Health [J]. The New England Journal of Medicine, 2020, 383: 369-378.

[25] Marina Sartini, Nicola Luigi Bragazzi, Anna Maria Spagnolo, et al. Coffee consumption and risk of colorectal cancer: a systematic review and meta-analysis of prospective studies [J]. Nutrients, 2019, 11 (3): 694.

[26] 中华医学会骨质疏松和骨矿盐疾病分会. 原发性骨质疏松症诊疗指南（2017）[J]. 中国全科医学, 2017 (32): 3963-3982.

[27] Katarzyna Janda, Karolina Jakubczyk, Irena Baranowska-Bosiacka, et al. Mineral composition and antioxidant potential of coffee beverages depending on the brewing method [J]. Foods, 2020, 9 (2): 121.

[28] Specialty Coffee Association of America. SCAA Protocol | Cupping Specialty Coffee [EB/OL]. SCAA, 2015. http://www.scaa.org/ PDF/resources/cupping-protocols.pdf.